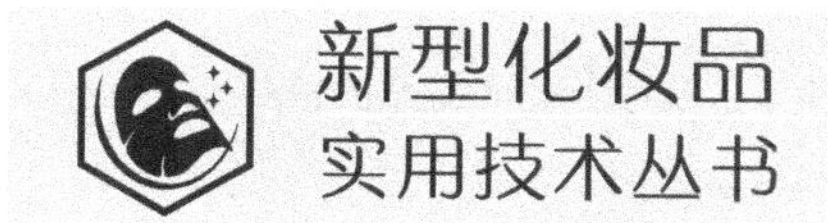

美容美发化妆品设计与配方

李东光 主编

MEIRONG MEIFA HUAZHUANGPIN
SHEJI YU PEIFANG

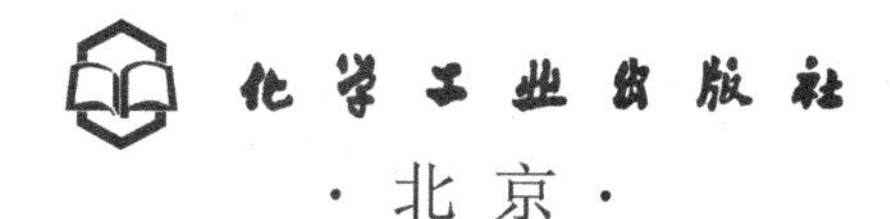

·北京·

本书对美容美发化妆品的分类、功效评价方法等进行了简单介绍，重点阐述了唇膏、眼影、睫毛膏、指甲油、整发剂、染发烫发剂等的配方设计原则以及配方实例，包含150余种环保、经济的配方供参考。

本书可供从事化妆品配方设计、研发、生产、管理等人员使用，同时可供精细化工专业的师生参考。

图书在版编目(CIP)数据

美容美发化妆品　设计与配方/李东光主编. —北京：化学工业出版社，2018.8（2023.7重印）
（新型化妆品实用技术丛书）
ISBN 978-7-122-32530-3

Ⅰ.①美…　Ⅱ.①李…　Ⅲ.①美容用化妆品-设计②美容用化妆品-配方③毛发用化妆品-设计④毛发用化妆品-配方
Ⅳ.①TQ658.5②TQ658.3

中国版本图书馆CIP数据核字（2018）第145284号

责任编辑：张　艳　刘　军　　　文字编辑：陈　雨
责任校对：杜杏然　　　装帧设计：王晓宇

出版发行：化学工业出版社（北京市东城区青年湖南街13号　邮政编码100011）
印　　装：北京虎彩文化传播有限公司
710mm×1000mm　1/16　印张12¾　字数231千字　2023年7月北京第1版第3次印刷

购书咨询：010-64518888　　　售后服务：010-64518899
网　　址：http://www.cip.com.cn
凡购买本书，如有缺损质量问题，本社销售中心负责调换。

定　　价：49.80元　

前言
FOREWORD

美容是让容貌变美丽的一种艺术。美容起源于人类的祖先。自从有了人类，就有了美容。随着社会的发展与科技的提升，美容从内容到形式上都有着不断的变化和提升。根据美容内涵的不同，现代美容可分为生活美容和医学美容两大部分。

(1) 生活美容是指专业人士使用专业的护肤化妆品和专业的美容仪器，运用专业的护肤方法和按摩手法，对人体的肌肤进行全面的护理和保养。生活美容可分为护理美容和修饰美容两大类。

(2) 医学美容是指运用一系列侵入皮肤内的医学手段，对人体的容貌与身体各部位进行维护、修复和再塑。

随着人们消费意识和健康观念的提高，对美容类产品的选择也在不断发生着根本性的转变。不仅对产品的包装、规格、功效以及价格、服务等进行选择，同时也更加关注产品的品质和内涵是否满足自身健康和心理需求，是否符合科学严谨和时尚高雅的生活理念。因而美容化妆品的更新换代成为了必然趋势。

美发是创造美和传播美的时尚行业，过去，人们上理发店只是为了把头发剪短，而现在已经不同了，在剪短头发的同时，还对发型的美观、大方、时尚有了更多的要求。有条件的人还会经常去美发厅为头发做护理，甚至连洗头都要去美发厅。单从美发厅称谓的变化上看，就足以感觉到美容美发行业的发展。经过几十年的发展，我国的美发业已由单一的理发变为涉及美发、护发的产业。随着国民经济的快速发展，人们的生活水平不断提高，在这个消费升级的时代，消费者消费趋于理性，消费者更加注重服务质量和消费体验，美发行业竞争越来越激烈，这些因素对美发从业者提出了新的挑战。

由于国内外化妆品技术发展日新月异，新产品层出不穷，要想在激烈的市场竞争中立于不败之地，必须不断开发研究新产品，并推向市场。为满足有关单位技术人员的需要，在化学工业出版社组织下，我们收集了大量的新产品、新配方资料，编写了这本《美容美发化妆品　设计与配方》，详细介绍了美容美发化妆品的配方、制备方法、原料配伍、产品特性等。本书可供从事化妆品科研、生产、销售的人员参考。

本书由李东光主编，参加编写的还有翟怀凤、李桂芝、吴宪民、吴慧芳、邢胜利、蒋永波、李嘉等。由于水平有限，书中疏漏和不妥之处在所难免，敬请广大读者提出宝贵意见。主编 E-mail 为 ldguang@163.com。

主编

2018 年 8 月

目 录
CONTENTS

第一章 概述

第二章 唇膏

第三章　眼影

第四章　睫毛膏

第五章　指甲油

第六章　整发剂

第七章 染发烫发剂

第一章
概述

Chapter 01

美容是让容貌变美丽的一种艺术。19世纪80年代，西方开始出现了近代美容院。在中国殷商时期，人们已用燕地红蓝花叶捣汁凝成脂来饰面。根据记载，春秋时周郑之女，用白粉敷面，用青黑颜料画眉。汉代以后，开始出现“妆点”“扮妆”“妆饰”等词。唐代出现了面膜美容。

美容起源于人类的祖先。自从有了人类，就有了美容。美容即美化人们的容貌。随着社会的发展与科技的提升，美容从内容到形式上都有着不断的变化和提升。根据美容内涵的不同，现代美容可分为生活美容和医学美容两大部分。

（1）生活美容是指专业人士使用专业的护肤化妆品和专业的美容仪器，运用专业的护肤方法和按摩手法，对人体的肌肤进行全面的护理和保养。生活美容可分为护理美容和修饰美容两大类。

（2）医学美容是指运用一系列侵入皮肤内的医学手段，对人体的容貌与身体各部位进行维护、修复和再塑。

埃及古代时期，人们为了滋润皮肤和防止日晒，在皮肤上涂抹各种药剂和油膏。古埃及妇女喜欢用黑颜料来描眼的轮廓，用孔雀石粉制成的绿颜料涂在眼皮上，用黑灰色的锑粉把眉毛描得像柳叶一样细长，用乳白色的油脂抹在身上，使用红颜料涂抹嘴唇和脸颊，甚至在手、脚的指甲上都要染上橘红色，非常惹人注目。美容在欧洲中世纪非常流行，到了文艺复兴时期，美容艺术大大发展。大家不惜花费大量的时间和金钱，涂脂抹粉、擦口红、卷发、染发、用东方进口的麝香抹手和皮肤。

据记载，杨贵妃使用的面膜，是用名贵的中草药提炼而成，并用珍珠、白玉、人参研磨成粉，以上等藕粉调和。这种古老的美容面膜不但可祛除黄斑、使皮肤白嫩，还能将毛孔深处的污垢、油脂排除和清除。现代社会妇女拥有更多、更先进的美容方法，她们通过自然美容、蒸汽美容等，使自己青春常驻、容颜俊美。美容专家预测，喷雾型和涂抹型化妆品的需求量将大幅度提高，这些化妆品使美容方法更加简单易行，人们可以在家里自行操作，这促使家庭美容更加普及。

美容在中国的流行相当早，如历史悠久的闽南民间古法美容“挽脸”（又称挽面、绞面）。闽南民间，待字闺中的姑娘要出嫁的前夕，既要洗发、梳妆，又要“挽脸”。闽南方言“挽”乃拔的意思，“挽脸”就是一种利用纱线拔除脸上汗毛的古老美容方法。闽南人习称没有出嫁的闺女为“查某根”，而经过“挽脸”后，就意味着“转正”为大人了。台湾学者林再复在《闽南人》一书中提到婚俗中的挽脸：“婚前数日，准新娘要请福命妇人用红纱挽面，将脸上细毛拔除，谓‘换新脸’，也就是脱胎换骨变成新人了。”

科学技术的进步，推动了人类社会的向前发展，使进了生活水平的提高，促使人们的观念也在发生着改变。过去，人们上理发店只是为了把头发剪短，而现在已经不同了，在剪短头发的同时，还对发型的美观、大方、时尚有了更多的要求。有条件的人还会经常去美发厅为头发做护理，甚至连洗头都要去美发厅。单从美发厅称谓的变化上看，就足以感觉到美容美发行业的发展。

据不完全统计，我国目前美容美发从业人员已经从改革开放之初的 12 万发展到 1600 多万，企业已经有 160 多万家，专门的美容机构就已逾百万。经过 30 多年的发展，美容美发行业积累了很多经验，企业的软硬件方面都有了很大提高，正在朝着规范化、市场化、国际化的格局迈进。

第二章
唇膏

Chapter 02

第一节　唇膏配方设计原则

一、唇膏的特点

唇膏，又称为“口红”，其作用是点敷于嘴唇使之具有红润健康的色彩，并对嘴唇起滋润保护作用，防止嘴唇干裂。唇膏是将色素溶解或分散悬浮在蜡状基质内制成的，根据其形态可分为棒状唇膏、液态唇膏等。其中应用最为普遍的是棒状唇膏（通常称之为唇膏）。嘴唇是人体敏感部位，唇膏要直接与嘴唇接触，并且有可能进入口腔内部，因而对唇膏的品质要求非常高。优质唇膏应该达到下面的标准。

（1）膏体质地细腻，表面光亮，柔软适中，涂敷方便，无油腻感，涂敷于嘴唇边不会向外化开。有令人舒适愉快的香气，但气味不过分浓郁。

（2）色泽均匀一致，附着性好，不容易褪色。

（3）涂布在嘴唇上无色条出现。

（4）对唇部皮肤有滋润、柔软和保护作用。

（5）所使用的原材料对人体无毒无害，对嘴唇及周围皮肤没有任何刺激性。

（6）不受气候条件变化的影响，夏天不熔不软，冬天不干不硬，不易渗油，不易断裂。

（7）品质稳定，保质期内不出现变形、变质、酸败、发霉以及“发汗”（出汗）、出粉、断裂等现象。

二、唇膏的分类及配方设计

为了使唇膏具有前述特点，产品配方设计、原料的选用和配制工艺相当重要。

唇膏的主要成分是色素、表面活性剂、基质原料（油、脂、蜡类等）以及香精等辅助材料。一般唇膏的组成是蜡类占20%～25%，油及油脂占65%～70%，色素及颜料占10%，表面活性剂只占5%以下。

油、脂、蜡类等基质原料占了唇膏成分的绝大部分，它既是唇膏的载体，赋予唇膏圆柱形的外观，同时又是润唇材料，对嘴唇起滋润保护作用，防止嘴唇干燥开裂，作用无法替代。理想的基质原料首先要对颜料有一定的溶解性，能够将色素均匀地分散开来，避免色泽深浅不匀的现象发生。其次还必须具有一定的柔软性，能轻易地涂于唇部并形成均匀的薄膜。基质原料涂在嘴唇上要润滑而有光泽，无过分油腻的观感，亦无干燥不适的感觉，不会向外化开。还有，基质原料一定要有非常好的稳定性，涂在嘴唇上形成的膜应经得起温度的变化，即夏天不熔不软、不出油，冬天不干不硬、不脱裂。要达到这样高的要求，用一种油蜡原料是不能做到的，需要将多种油、脂、蜡类原料巧妙搭配使用。配方设计者要熟悉各种油、脂、蜡类原料的性能，以适当的液态油脂和固态蜡的配比来改善唇膏的光亮度和柔软度。常用的油、脂、蜡类原材料的性能和用途见表1。

表1　唇膏常用基质原料的性能和用途

物质	性能和用途
鲸蜡	可增加触变特性而不增加唇膏的硬度，但由于其熔点太低且易脆裂，因此一般的用量不大
巴西棕榈蜡	熔点约在83℃，有利于保持唇膏膏体有较高熔点而不致影响其触变性能。但用量过多会使成品的组织有粒子，一般以不超过5%为宜
地蜡	也有较高的熔点(61～78℃)，且在浇模时会使膏体收缩而与模型分离，能吸收液体石蜡而不使其外析，但用量多时会影响膏体表面光泽，常与巴西棕榈蜡配合使用
微晶蜡	与白蜡复配使用，可防止白蜡结晶变化，改善基质的流变性，熔点较高
蜂蜡	能提高唇膏的熔点而不严重影响硬度。它有很好的相容性，能使各种成分融合均一，但使用量不宜太大，否则会使粒子失去光彩；可使唇膏容易从模型内取出
加洛巴蜡	可使唇膏达到需要的硬度，用量适当可使唇膏具有适宜的触变性能。加洛巴蜡的熔点约83℃，较其他任何的天然蜡高得多，在唇膏内的含量太高会使成品有粒子，因此最高用量应尽可能低，一般以不超过5%为宜
液体石蜡	能使唇膏增加光泽，但对色素无溶解力，且与蓖麻油不和谐，不宜多用
可可脂	是优良的润滑剂和光泽剂，熔点(30～35℃)接近体温，很易在唇上涂开。它的缺点是有使唇膏表面失去光泽或变得凹凸不平的倾向，用量一般不超过8%
凡士林	用于调节基质的稠度，并具有润滑剂作用，可改善产品的铺展性。大量使用会增加黏着性，但与极性较大的组分(如蓖麻油)混溶较困难
蓖麻油	精制的蓖麻油是唇膏中最常用的油脂原料，它的用途主要是赋予唇膏一定的黏性，另外它对溴酸红有少量的溶解性。一般用量在40%以内。在使用时含量过高会形成黏厚油腻的膜
低度氢化的植物油	熔点38℃左右，是唇膏中采用的较理想的油脂原料，性质稳定，能增加唇膏的涂抹性能

续表

物质	性能和用途
矿物油	矿物油能使唇膏点涂于嘴唇后有很好的光泽，但它和蓖麻油的相容性不好，也非溴酸红的溶剂，除了产生需要的光泽外，矿物油在唇膏内没有其他的作用，因此配方内的用量应尽可能少
无水羊毛脂	与其他油脂、蜡有很好的相容性，耐寒冷和炎热，并能减少唇膏"出汗"的现象。也是一种优良的滋润性物质，但有臭味，易吸水，用量不宜多
卵磷脂	一种优良的滋润物，加入量可以较多，同时它有降低唇和唇膏间的界面张力，使染料能更好渗透
单硬脂酸甘油酯	对溴酸红有很好的溶解力，在唇膏内用途很多，有加强赋形的作用，也是一种良好的滋润性物质
有机硅	使产品着妆持久，感觉轻质、不油腻，色彩不转移，并具有很好光泽度，使用方便
其他	常用的还有小烛树蜡、蜡状二甲基硅氧烷、脂肪酸乙二醇酯和高分子甘油酯

色素是唇膏中极重要的成分，属于“功能性”材料，赋予唇膏各种各样的颜色，没有它唇膏就失去美容作用了。唇膏用的色素有两类：一类是溶解性颜料，主要是有机化合物，能够溶解在油蜡之中，涂在嘴唇上可以均匀分散形成一层紧密的薄膜，比较牢固地粘在嘴唇上，不容易擦除，但正因为如此，染料的遮盖力不足，颜色显得不够厚重；另一类是不溶性颜料，主要是无机化合物，不能溶解在油蜡之中，只能靠表面活性剂分散在油蜡之中。不溶性颜料具有一定的颗粒度，涂在嘴唇上形成厚膜，遮盖力很强，色泽比较重。可惜颜料颗粒是铺在嘴唇上的，附着力不够，易从嘴唇擦除。所以二者应该搭配使用，取长补短。两类色素分别介绍如下。

（1）溶解性颜料　常用的有溴酸红染料。溴酸红染料是溴化荧光红类染料的总称，有二溴荧光红、四溴荧光红和四溴四氯荧光红等多种。溴酸红染料不溶于水，只溶解于油脂，能染红嘴唇并使色泽具有牢固持久的附着性。单独使用它制成的唇膏表面是橙色的，但一经涂在嘴唇上，由于pH值的改变，就会变成鲜红色，因为这种色彩是溴酸红和唇组织的部分物质所生成，色泽是很牢固持久的。溴酸红虽能溶解于油、脂、蜡，但溶解性很差，一般需借助溶剂。通常采用的染料溶剂有：蓖麻油、$C_{12}\sim C_{18}$脂肪醇、酯类、乙二醇、聚乙二醇、单乙醇酰胺等，因为它们含有羟基，对溴酸红有较好的溶解性，最理想的溶剂是乙酸四氢呋喃酯，但有一些特殊臭味，不宜多用。

（2）不溶性颜料　颜料是极细的固体粉粒，不溶解在水和油中，只能经搅拌和研磨后混入油、脂、蜡基体中。制成的唇膏敷在嘴唇上能留下一层艳丽的色彩，且有较好的遮盖力，但附着力不好，所以必须与溴酸红染料同时并用。唇膏用的红色颜料是有机颜料——色淀颜料和纯粹颜料两种。色淀颜料是由有机染料沉淀固着于无机基质制成的颜料；纯粹颜料是不含无机基质的有机颜料。色淀颜料有较好的遮盖力，色彩鲜艳，用量一般为8%～10%。这类颜料有铝、钡、钙、钠、锶等的色淀以及氧化铁、炭黑、云母、铝粉、氧氯化铋、胡萝卜素、鸟嘌呤等的各种色调。二氧化钛也是一种无机颜料，加入少量可增加遮盖力，并且可以得到粉红色的色彩。现代有机颜料品种色泽很多，有淡红、深红和紫红等色彩，不同颜色的唇膏可选择不同的颜料或这些颜料相互配制而成。

唇膏的闪光效果主要是加入的珠光颜料产生的效果。珠光颜料主要有：合成珠光颜料、氢氧化铋、云母、二氧化钛。普遍采用的是氢氧化铋，其价格较低。使用方法是将珠光颜料分散加入蓖麻油中，制成浆状备用。加珠光颜料的唇膏基质不能在三辊机中多次研磨，否则珠光颜料颗粒变细而失去珠光色调，故应等到成型前才加入唇膏基质中。

另外，为了化妆品企业更方便地使用颜料，有的颜料生产厂家已将颜料用油和表面活性剂分散成色浆的形式出售，这大大简化了唇膏的生产工艺。

唇膏配方中要使用表面活性剂，其作用有两个。一个是分散作用，帮助将颜料分散到油蜡原料中。颜料是固体颗粒，在体系中与油、蜡原料形成固-固界面和固-液界面，受到界面张力的阻碍，即使是通过研磨机的研磨，借助机械力量的颜料颗粒也不容易真正分散到油蜡原料中。添加表面活性剂以后的情况会大有改观，在它的作用下界面张力大幅度下降，消除颜料分散的障碍，产品质量大有改善。表面活性剂的另一个作用是润湿皮肤，唇膏涂抹在嘴唇的过程中，通过表面活性剂的润湿作用，膏体更容易在嘴唇皮肤上均匀铺展开来，达到比较理想的效果。适合在唇膏里使用的表面活性剂主要是非离子型的硬脂酸单甘油酯。配方里没有水，单甘酯是混合在油里使用的。

唇膏中油蜡成分过多会带来不愉快的气味，需要添加香精掩盖。唇膏用香精既要芳香舒适，又要口味和悦。消费者对唇膏的喜爱与否，气味的好坏是一个重要的因素。因此，唇膏用香精必须慎重选择，要能完全掩盖油、脂、蜡的气味，且具有令人愉快舒适的气味。唇膏的香味一般比较清雅，常选用玫瑰、茉莉、紫罗兰、橙花以及水果等香型。许多对唇黏膜有刺激性或有很苦和不适口味的芳香物，不适宜用于唇膏中。应选用允许食用的香精，另外易成结晶析出的固体香原料也不宜使用。

为了防止唇膏中大量油蜡成分受氧化而腐败变质，抗氧化剂和防腐剂是少不了的。BHT和尼泊金酯仍然是首选。

除了常用的棒状唇膏外，还有液态唇膏。液态唇膏是用瓶装的，一般用小刷子刷涂，因此携带和使用都不如棒状唇膏方便，也不如棒状唇膏受欢迎。这种产品是一种乙醇溶液，当乙醇挥发后，留下一层光亮鲜艳的薄膜。其主要成分是可塑性物质、溶剂、增塑剂、色素及香精。可塑性物质如乙基纤维素、乙酸纤维素、硝酸纤维素、聚乙烯醇和聚乙酸乙烯酯等能够在嘴唇上形成薄膜；增塑剂是用来改善成膜的可塑性，即增加柔性和减少收缩，常用的有甘油、邻苯二甲酸二丁酯、山梨醇和乙二酸二辛酯等；溶剂则主要采用乙醇、异丙醇、石油醚等。

第二节　唇膏配方实例

配方 1　荸荠半透明唇膏

原料配比

原料		配比(质量份)
荸荠液		25～30
配料溶液		70～75
配料溶液	羊毛脂蜡聚丙二醇衍生物	9.30
	聚丁烯	27.9
	羊毛油	60.50
	小烛树蜡	2.30

制备方法

荸荠液的制备：

（1）预处理　将荸荠去皮，用清水漂净，进行清洗。

（2）打浆　将经过预处理的荸荠通过打浆机进行打浆，并滤出过粗纤维，得到荸荠液。

配料溶液的制备：全部配料混合加热，加热过程中不停搅拌，加热至80℃待用。

制唇膏：

（1）调兑配比　荸荠液与配料溶液按照（以质量分数计）荸荠液20%～25%、配料溶液70%～75%的比例进行均混后成为混合物料。

（2）加热　将物料混合，以90r/min速度搅拌溶液，加热至80℃，停止加热。

（3）成型　将经过加热的混合物料，冷却至65℃，注入成型容器，冷却至室温后，即得到荸荠半透明唇膏。

原料配伍　本品各组分质量份配比范围为：荸荠液25～30，配料溶液70～75。

产品应用　本品主要用作唇膏。

产品特性　本品既滋润唇部皮肤，又有荸荠的香甜味，是一种新口味的、时尚的荸荠半透明唇膏。

配方 2　变色唇膏

原料配比

原料	配比(质量份)
单硬脂酸甘油酯	40
巴西棕榈蜡	4
蓖麻油	36
羊毛脂	3
白油	7
溴酸红	5
尼泊金丙酯	0.01
香精	0.01

制备方法

(1) 在搅拌器中加入蓖麻油，加入溴酸红，边搅拌边加热，使溴酸红分散并溶解于蓖麻油中；

(2) 将除香精外的其他原料全部熔融后充分搅拌混匀；

(3) 将步骤（1）与步骤（2）物料混合，加入香精，用三辊机反复研磨 5 次，研磨结束后进行真空脱气；

(4) 在 40～50℃下浇注入模具成型。

原料配伍　本品各组分质量份配比范围为：单硬脂酸甘油酯 35～45，巴西棕榈蜡 3～5，蓖麻油 35～40，羊毛脂 2～4，白油 6～8，溴酸红 3～5，尼泊金丙酯 0.01～0.02，香精 0.01～0.02。

产品应用　本品是一种变色唇膏。

产品特性　本品主要提供了一种变色唇膏，可以防止嘴唇干裂，且涂上嘴唇后，颜色会由于 pH 值的改变而改变，具有色泽牢固持久、香气宜人、对皮肤有保湿及柔软作用。

配方 3　纯天然唇膏

原料配比

原料	配比(质量份)
紫苏子油	18
亚麻籽油	12
月见草油	13
葡萄籽油	19
蜂蜡	16
橄榄蜡	9
蓖麻蜡	8
番茄红素	3

制备方法 将优质植物油紫苏子油、亚麻籽油、月见草油和葡萄籽油混合加热至60～90℃时，放入蜂蜡、橄榄蜡和蓖麻蜡充分搅拌均匀，冷却至50～65℃时，加入番茄红素，继续搅拌均匀，倒入模具中，室内常温冷却，脱模，灭菌后包装即可。

原料配伍 本品各组分质量份配比范围为：蜂蜡12～18，紫苏子油14～20，橄榄蜡6～9，亚麻籽油10～15，蓖麻蜡6～9，月见草油10～15，番茄红素0.5～4，葡萄籽油14～20。

天然植物蜡为蜂蜡、橄榄蜡和蓖麻蜡；植物油为紫苏子油、亚麻籽油、月见草油和葡萄籽油；植物色素为番茄红素。

产品应用 本品主要用作唇膏。

产品特性 本品采用纯天然配方，对人体无不良反应，能有效地促进血液循环，抑制过敏，改善皮肤干裂，预防黑色素沉淀，降低紫外线的伤害，延缓皮肤衰老，维护唇部肌肤健康。

配方4 唇膏

原料配比

原料		配比(质量份)				
		1#	2#	3#	4#	5#
蜡	巴西棕榈蜡	2	5	3	—	—
	蜂蜡	6	—	9	6	5
	日本蜡	1	—	—	—	—
	聚乙烯蜡	1	—	—	2	2.5
	卡那巴蜡	—	—	4	—	—
	微晶蜡	—	—	4	—	—
	小烛树蜡	—	—	—	4	4
	石蜡	—	—	—	3	3
棕榈酸辛酯		10	10	10	6.5	10
润肤油脂	甘油三癸酯	—	—	7	—	—
	甘油三异硬脂基酯	—	—	6	—	—
	甘油三辛酯	3	—	—	—	—
	角鲨烷	5	3	—	—	—
	棕榈酸异丙酯	4	4	—	7	5
	辛基十二烷醇	6	3.5	—		—
	三苯三酸十三酯	—	9.5	—	4	1
	甘油三己二酸酯	—	—	7	—	—
	异壬酸异壬酯	—	—	5	—	—
	异硬脂酸异丙酯	—	—	—	6.5	2.5
	油醇	—	—	—	6	5
疏水二氧化硅		12	12	2	10	12
硅处理云母粉		10	10	10	9	10
珠光粉		20	20	15	20	20

续表

原料	配比（质量份）				
	1#	2#	3#	4#	5#
维生素 E	5	5	5	1	5
二氧化钛	10	10	8	10	10
色素	3	3	3	3	3
香精	2	2	2	2	2

制备方法

（1）按质量分数称取下述原料：蜡 5%～20%、棕榈酸辛酯 6.5%～10%、润肤油脂 13.5%～25%、疏水二氧化硅 2%～12%、硅处理云母粉 9%～10%、珠光粉 15%～20%、维生素 E 1%～5%、二氧化钛 8%～10%、色素 3%和香精 2%；

（2）将色素和二氧化钛混合搅拌，加入棕榈酸辛酯，混合均匀，备用；

（3）将蜡、润肤油脂、维生素 E 混合，加热至 85℃；

（4）将步骤（2）获得的物料与步骤（3）获得的物料搅匀，加入疏水二氧化硅、硅处理云母粉和珠光粉，混合均匀；

（5）降温至 45℃，加入香精；

（6）继续降温至 40℃，出料得膏体；

（7）将硅胶模具预热至高于膏体温度 4～5℃，将加热到 75～105℃的膏体灌装至所述硅胶模具中，将所述硅胶模具置于 0～2℃的环境下迅速冷却，待膏体温度降到低于滴点，膏体成型后，真空脱模，包装。

原料配伍 本品各组分质量份配比范围为：蜡 5～20、棕榈酸辛酯 6.5～10、润肤油脂 13.5～25、疏水二氧化硅 2～12、硅处理云母粉 9～10、珠光粉 15～20、维生素 E 1～5、二氧化钛 8～10、色素 3 和香精 2。

所述蜡为石蜡、蜂蜡、微晶蜡、巴西棕榈蜡、小烛树蜡、聚乙烯蜡、日本蜡和卡那巴蜡至少一种。

所述润肤油脂为角鲨烷、甘油三辛酯、甘油三癸酯、甘油三异硬脂基酯、甘油三己二酸酯、棕榈酸异丙酯、三苯三酸十三酯、异壬酸异壬酯、异硬脂酸异丙酯、辛基十二烷醇和油醇至少四种。

产品应用 本品主要用作唇膏。

产品特性 本品的唇膏耐热性好，当温度升高到（45±1)℃时，甚至至(50±1)℃时都不会“出汗”，解决了高温唇膏“出汗”的难题，使润肤成分牢牢被锁在由蜡、酯等组成的结构中，更好保护双唇。确保成品的质量，同时也适合高温地区消费者的使用。

配方 5 多功能唇膏

原料配比

原料		配比(质量份)		
		1#	2#	3#
A	凡士林	35	40	38
	白油	22	27	25
	鲸蜡	5	10	7
	羊毛脂	5	8	6
	蜂蜡	3	5	4
B	单硬脂酸甘油酯	22	26	24
	硬脂酸丁酯	4	7	5
	对羟基苯甲酸乙酯	0.2	0.5	0.3
	二叔丁基对甲酚	0.05	0.1	0.08
	溴酸红染料	8	10	9
C	尿囊素	0.1	0.3	0.2
D	玫瑰香精	0.4	0.7	0.5

制备方法

(1) 在不锈钢或铝制混合机内加入配方量的 A 组分，加热至 70～75℃；充分搅拌均匀后，从底部放料口送至三辊机研磨 2～3 次；然后转入真空脱泡锅内待用。

(2) 将配方量的 B 组分放入熔化锅内，加热至 80～85℃，熔化后充分搅拌均匀；过滤后转入真空脱泡锅内待用。

(3) 将步骤 (1) 及步骤 (2) 得到的产物混合均匀后，降温至 40～45℃，加入配方量的 C 组分及 D 组分，搅拌直至彻底均匀。

(4) 将步骤 (3) 得到的产物进行浇注后即得成品。

原料配伍 本品各组分质量份配比范围为：凡士林 35～40，白油 22～27，鲸蜡 5～10，羊毛脂 5～8，蜂蜡 3～5，单硬脂酸甘油酯 22～26，硬脂酸丁酯 4～7，对羟基苯甲酸乙酯 0.2～0.5，二叔丁基对甲酚 0.05～0.1，溴酸红染料 8～10，尿囊素 0.1～0.3，玫瑰香精 0.4～0.7。

产品应用 本品主要用作化妆品，是一种多功能唇膏。

产品特性 本品克服了现有技术存在的缺陷，提供了一种质量上乘、可以防治嘴唇干裂，同时具备消炎功能的多功能唇膏。

配方 6　防干裂唇膏

原料配比

原料	配比(质量份)	原料	配比(质量份)
甲硝唑	6.03	香精	0.33
凡士林	60.35	橄榄油	15.07
白蜂蜡	15.10	防腐剂	0.1
维生素 E	3.02		

制备方法

(1) 将甲硝唑用研钵研碎并过筛；

(2) 将维生素 E 加热使之熔化；

(3) 将凡士林置烧杯中加热，熔化后加入橄榄油、维生素 E，任选的包括加入香精和/或防腐剂的步骤；

(4) 将白蜂蜡加热熔化，待熔化后测其温度，当温度在 60～63℃之间时向其中加入甲硝唑粉末并不断搅拌；

(5) 待甲硝唑粉末完全溶于白蜂蜡后，将凡士林、橄榄油、维生素 E 的混合液加热至 90～95℃时倒入甲硝唑溶液中，并不停搅拌；

(6) 搅拌均匀后将其浇模。

原料配伍　本品各组分质量份配比范围为：甲硝唑 6.03，凡士林 60.35，白蜂蜡 15.10，维生素 E 3.02，香精 0.33，橄榄油 15.07，防腐剂 0.1。

产品应用　本品是一种防干裂唇膏。

产品特性　本品唇膏的透气性好，涂擦后唇部滋润有光泽，防干裂效果好，配制的方法简单，制作成本低。

配方 7　防晒多效护唇膏

原料配比

原料	配比(质量份)	
	1#	2#
蜜蜡	10	35
杏仁油	10	23
橄榄蜡	5	9
米胚芽油	10	15
木春菊提取物	3	4.5
菜籽油	15	17
马齿苋提取物	1	4.5
薄荷精油	1	4.5
纳米二氧化钛	3	4.5
纳米氧化锌	3	5

制备方法

（1）将配方量的杏仁油、米胚芽油、菜籽油混合加热；

（2）加入蜜蜡、橄榄蜡继续加热，混匀；

（3）加入纳米二氧化钛、纳米氧化锌进行研磨，得均一膏体；

（4）在膏体中加入薄荷精油、马齿苋提取物和木春菊提取物，充分搅拌均匀，倒入模具中，室内常温冷却，脱模，灭菌后包装即可。

原料配伍 本品各组分质量份配比范围为：蜜蜡10～40，杏仁油10～25，橄榄蜡5～10，米胚芽油10～16，木春菊提取物3～5，菜籽油15～18，马齿苋提取物0.1～5，薄荷精油0.1～5，纳米二氧化钛3～5，纳米氧化锌3～5。

产品应用 本品主要用作护唇化妆品。

产品特性 本防晒多效护唇膏防晒效果好，可保护唇部娇嫩肌肤免受阳光和污染物的伤害，且不含任何色素、香料、激素和防腐剂，极大程度地降低了使用过程中的过敏率和不良反应；本品透气性好，涂擦后唇部滋润有光泽，无不良反应，无异物感，非常适合夏日使用。而且也极大程度地滋润并保护唇部肌肤，防止脱水和皲裂现象的产生，提高唇部的弹性和紧致度，平滑细纹和皱纹。长期使用，能延缓皮肤衰老，维护唇部肌肤健康。

配方8 防止唇部皲裂的唇膏

原料配比

原料	配比(质量份)		
	1#	2#	3#
透明质酸	25(体积)	35(体积)	30(体积)
蜂蜜	25(体积)	15(体积)	20(体积)
山药汁	15(体积)	10(体积)	12(体积)
莲藕粉	10	15	13
甘草	4	3	2
白芷	3	4	5
去离子水	加至100	加至100	加至100

制备方法 将各组分混合均匀即可。

原料配伍 本品各组分质量份配比范围为：透明质酸25～35（体积），蜂蜜15～25（体积），山药汁10～15（体积），莲藕粉10～15，甘草2～4，白芷3～5，去离子水加至100。

产品应用 本品主要用作唇膏。

产品特性 本品可直接涂于唇部或涂于唇膜纸上覆盖唇部，具有去除唇表老死的角质细胞、锁水保湿、补充胶原蛋白、填补双唇细纹的作用，能保持双唇滋润，避免双唇加速老化，造成暗沉、细纹现象发生。

配方 9 蜂蜜润唇膏

原料配比

原料	配比(质量份)		
	1#	2#	3#
凡士林	10	30	50
蜂蜜	1	5	10
芦荟提取物	1	3	10
维生素 E	1	3	5
维生素 B_2	1	3	5

制备方法

(1) 将芦荟切碎，加适量水煎煮 1～3h，澄清过滤，滤液进行浓缩，得芦荟提取物，取维生素 B_2 加适量水溶解，维生素 E 进行超微粉碎；

(2) 按质量份，称取凡士林 10～50 份，加入熔化，加入蜂蜜 1～10 份，芦荟提取物 1～10 份，维生素 E 1～5 份，维生素 B_2 1～5 份，搅拌，混合均匀；

(3) 将步骤 (2) 的混合物冷却凝固，包装即得产品。

原料配伍 本品各组分质量份配比范围为：凡士林 10～50，蜂蜜 1～10，芦荟提取物 1～10，维生素 E 1～5，维生素 B_2 1～5。

产品应用 本品属于日常生活用品，是一种润唇膏。

产品特性 本品采用纯天然的植物提取物，不含任何有害的化学合成物质，不会对人体健康产生危害，适用范围广。

配方 10 高含水量唇膏

原料配比

原料		配比(质量份)		
		1#	2#	3#
A	聚甘油-4-异硬脂酸酯、鲸蜡基聚乙二醇/聚丙二醇-10-/1-二甲基硅氧烷、月桂酸乙酯	5	5	4.4
	辛酸/癸酸甘油三酯	2	2	1.76
B	甘油	3	0	12.15
	水	17	30	14.96
C	辛基十二烷醇	18.8	13.8	12.15
	微晶蜡	15.1	15.0	17.6
	肉豆蔻酸肉豆蔻酯	3.4	3.4	3
	十六十八醇	1.7	1.7	1.5
	蜂蜡	0.4	0.4	0.35
	庚酸硬脂酯	5.9	5.9	5.19
	甲氧基肉桂酸辛酯	2.5	2.5	2.2
	丁基甲氧基二苯甲酰基甲烷	0.4	0.4	0.35
	巴西棕榈蜡	1	1.0	0.9
	辛酸/癸酸甘油三酯	13.8	8.8	12.2
	霍霍巴油	0.8	0.8	0.7
	乳木果油	0.8	0.8	0.7
	蓖麻油	8.4	8.5	7.4

续表

原料		配比(质量份)		
		1#	2#	3#
D	聚异丁烯	—	—	3.63
	辛酸/癸酸甘油三酯	—	—	3.63
	二氧化钛	—	—	0.73
	UNIPURE® RED LC300	—	—	0.37
	UNIPURE® RED LC3075	—	—	0.7
	UNIPURE® RED LC226	—	—	0.7
E	COVAPEARL® SILVER 939 AS	—	—	3.5

制备方法

(1) 在室温下制备油包水预乳化体：将基于油相组分总质量1～10的油相组分与乳化剂混合，搅拌均匀；然后将水相组分缓慢加入，边加边不断搅拌均匀，得到油包水预乳化体。

(2) 将剩余油相组分混合均匀并加热至70～90℃。

(3) 将油包水预乳化体加入油相组分中，缓慢搅拌使之分散均匀，并使混合物的温度保持在70～90℃，不断搅拌使之混合均匀。

(4) 在70～90℃下注模，冷却至室温后于－25～－15℃冷却15～45min后成型，脱模得到产品。

原料配伍 本品各组分质量份配比范围为：乳化剂（A）1～10、水相组分（B）1～30和油相组分（C）69～98；其中水相组分中的水占整个配方总量的1～30。更佳的情况是水占整个配方总量的10～30。

该唇膏中还可根据需要添加颜料、珠光成分、香精、水溶性聚多糖或水溶性生物活性成分（D）。

本品乳化剂包括：脂肪酸聚甘油酯、脂肪酸酯和聚硅氧烷改性物中两种或三种的混合物；优选聚甘油-4-异硬脂酸酯、鲸蜡基聚乙二醇/聚丙二醇-10/1-二甲基硅氧烷和月桂酸乙酯中两种或三种的混合物，其中每种成分占乳化剂总量的25%～50%。

本唇膏的水相组分仅包括水或除水外还可含有其他亲水性组分，如甘油、丙二醇、1，3-丁二醇和乙醇等。

可以任选在水相组分中加入透明质酸钠、葡聚糖、汉生胶和瓜耳胶等水溶性聚多糖，或三甲基甘氨酸、葡萄糖酸锌、葡萄糖酸镁等水溶性生物活性成分。

唇膏的油相组分的共熔温度范围在30～55℃之间，该油相组分选自微晶蜡、蜂蜡、辛基十二烷醇、肉豆蔻酸肉豆蔻酯、十六十八醇、庚酸硬脂酯、辛酸/癸酸甘油三酯、甲氧基肉桂酸辛酯、丁基甲氧基二苯甲酰基甲烷、巴西棕桐蜡、霍霍巴油、乳木果油、蓖麻油和聚异丁烯中的一种或几种。

在本唇膏中任选加入的颜料包括：通常使用的矿物颜料（如二氧化钛）和有机颜料，如SENSIENT公司的UNIPURE® RED LC300、UNIPURE® RED LC3075和UNIPURE® RED LC226等。使用时将这些颜料成分分散在油相组分，如辛酸/癸酸甘油三酯或聚异丁烯中形成颜料组合物。这些矿物或者颜料的添加量占配方总量的0.01%～2%之间。

在本唇膏中任选加入的珠光成分可包括通常使用的珠光剂，如SENSIENT公司的COVAPEARL® SILVER 939 AS等。这些珠光成分的用量占配方总量的0.1%～5%之间。

本唇膏中还可以根据需要加入占配方总量0.01%～0.5%的香精。

产品应用 本品是一种高含水量的唇膏。

产品特性 本品高含水量唇膏在存储和使用过程中形状稳定性良好，没有表面粗糙或者产生气孔的现象，且本品可以带给消费者全新的体验，可广泛用于唇部的护理。

配方 11 含天然珊瑚姜精油的消炎镇痛唇膏

原料配比

原料	配比(质量份)			
	1#	2#	3#	4#
珊瑚姜精油	0.5	3	1	2
茶树油	10	15	12	14
蓖麻油	10	15	12	14
蜂蜡	10	15	12	14
石蜡油	8	10	8.5	9.5
香精油	20	40	25	35
甘油三异辛酸酯	10	20	13	8
羊毛脂	2	6	3	5

制备方法 将茶树油、蓖麻油、蜂蜡、石蜡油、香精油、甘油三异辛酸酯、羊毛脂加热至共熔，搅拌均匀，冷却至35～45℃，加入珊瑚姜精油充分搅拌均匀，冷却即可。

原料配伍 本品各组分质量份配比范围为：珊瑚姜精油0.5～3，茶树油10～15，蓖麻油10～15，蜂蜡10～15，石蜡油8～10，香精油20～40，甘油三异辛酸酯10～20，羊毛脂2～6。

产品应用 本品主要用作功能性唇膏。

产品特性 本品是一种含天然珊瑚姜精油的具有消炎镇痛功能的唇膏，消炎、消肿、镇痛效果显著，改善了唇部炎症引起的微循环障碍，促进了血液的循环，加强组织自我更新、自我修复，见效快，疗程短，治愈率高，无不良反应。

配方 12　含有羊初乳脂的唇膏

原料配比

原料	配比(质量份)			
	1#	2#	3#	4#
貂油	6	2	8	10
单硬脂酸甘油酯	4	8	2	1
甘油	5	8	7	10
羊毛脂	4	1	2	5
硬脂酸	2.5	2	3	4
三乙醇胺	1	1.2	0.8	2
羊初乳脂	1	2	4	5
蜂王浆	0.8	1	1.5	0.5
奶油香精	0.5	1	1.5	1.5
水	75.2	73.8	70.2	61

制备方法

(1) 将配方量的貂油、单硬脂酸甘油酯、甘油、羊毛脂、硬脂酸、三乙醇胺混合，在80℃水浴上加热，不断搅拌使成稠厚膏体；

(2) 将水在80℃水浴上加热，加热至80℃后加入步骤(1)制得的膏体，不断搅拌使成稠厚膏体；

(3) 在步骤(2)制得的膏体温度下降到50℃时，不断搅拌加入羊初乳脂和蜂王浆，使之成为稠厚膏体；

(4) 在步骤(3)制得的膏体温度下降到40℃时，缓慢搅拌加入奶油香精，使之成为稠厚膏体，即得到产品。

原料配伍　本品各组分质量份配比范围为：貂油1～10，甘油1～10，羊毛脂1～5，硬脂酸1.5～4，三乙醇胺0.5～2，羊初乳脂0.1～5，蜂王浆0.2～1.5，奶油香精0.1～1.5，水加至100。

产品应用　本品主要用作唇膏。

产品特性　本产品配方合理、工艺简单，具有高效修复、滋润补水，令唇部细嫩光滑。

配方 13　含有羊乳脂的唇膏

原料配比

原料	配比(质量份)			
	1#	2#	3#	4#
乙酰化羊毛脂	24	25	30	25

续表

原料	配比(质量份)			
	1#	2#	3#	4#
羊乳脂	5	8	8.4	10
白蜡	20	11.2	15	20
白油	15	10	12	10
十六醇	2	1	4	4
异丙醇	14	20	10	12
甘油	5	7	5	7
十二烷基磷酸酯	10	11	10	8
N-月桂酰基肌氨酸钠	4	6	5	3.8
着色剂	0.5	0.4	0.3	0.1
奶油香精	0.5	0.4	0.3	0.1
水	适量	适量	适量	适量

制备方法

(1) 将配方量的乙酰化羊毛脂、羊乳脂、白蜡、白油、十六醇混合，在80℃水浴上加热，不断搅拌使之成为液体；

(2) 将异丙醇、甘油、十二烷基磷酸酯、N-月桂酰基肌氨酸钠在80℃水浴上加热，加热至80℃后加入步骤（1）制得的液体，同时继续搅拌30min使成稠厚膏体；

(3) 在步骤（2）制得的稠厚膏体温度下降到40℃时，缓慢搅拌加入着色剂、奶油香精，搅拌使之成为稠厚膏体，即得到产品。

原料配伍 本品各组分质量份配比范围为：乙酰化羊毛脂15～35，羊乳脂1～10，熔点68～72℃白蜡10～30，白油10～20，十六醇1～4，异丙醇10～20，甘油3～7，十二烷基磷酸酯8～11，N-月桂酰基肌氨酸钠3～6，着色剂0.1～1，奶油香精0.1～1，水适量。

产品应用 本品主要用作唇膏。

产品特性 本品提供一种配方合理、工艺简单、令唇部细嫩光滑的含有羊乳脂的唇膏，具有高效修复、滋润补水等功效。

配方 14　碱性成纤维细胞生长因子夹心唇膏

原料配比

原料		配比(质量份)
夹心健填料	羊毛醇	50
	凡士林	20
	聚乙二醇	33
	维生素 E	0.5
	阿佐思	3
	碱性成纤维细胞因子	0.000005
	活性保护剂	2
	透明质酸	0.5
	乳化剂	2
外层彩唇膏原料	蓖麻油	20
	十六(十八)醇	2
	蜂蜡	20
	地蜡	6
	羊毛脂	20
	单硬脂酸甘油酯	20
	色料	10
	香精	1.5
	抗氧剂	0.5

制备方法

(1) 先将彩唇膏（原料加入唇膏）加入锅中，加热 60～70℃，搅拌熔化后，倒入特质的空心模具中，冷冻后取出。

(2) 再将夹心健填料中的羊毛脂、凡士林、聚乙二醇、维生素 E、乳化剂加入另一唇膏锅中，加热至 38～60℃，搅拌熔化，然后加入碱性成纤维细胞生长因子、活性保护剂、透明质酸三者的混合液搅匀，立即灌入另一填心模具中，冷却后脱模，装入唇膏管中即得。

原料配伍　本品各组分质量份配比范围为：

夹心健填料的各组分配比如下：羊毛醇 40～60，凡士林 10～20，聚乙二醇 20～40，维生素 E 0.1～1，阿佐思 1～4，碱性成纤维细胞因子 0.000001～0.000005，活性保护剂 1～3，透明质酸 0.3～0.6，乳化剂 1～3。

外层彩唇膏原料各组分配比如下：蓖麻油 10～30，十六（十八）醇 1～3，蜂蜡 10～30，地蜡 4～7，羊毛脂 10～30，单硬脂酸甘油酯 10～30，色料 8～12，香精 1～2，抗氧剂 0.2～1。

活性保护剂可以选用甘油、丙二醇、甘露醇、山梨醇、聚乙二醇中的一种或几种复配。

产品应用　本品主要用作唇膏，属于生物美容化妆品。

产品特性　本品可诱导唇部血管的形成和分化，改善微循环，使其红润娇嫩，焕发健康美，达到生理保健目的。

配方 15　具有修复功能的防晒唇膏

原料配比

原料	配比(质量份)		
	1#	2#	3#
烟酰胺	2	2.5	1.5
氧化锌	2	3	1.5
二氧化钛	1.5	3	2
蜂蜡	2	2	2
地蜡	16	13	15
烯蜡	4	4	4
凡士林	16	18	18
聚甘油-2-三异硬脂酸酯	8	8	9
液体石蜡	31	30	30
蓖麻油	16	15	15
尼泊金乙酯	0.5	0.5	1
薄荷油	1	1	1

制备方法

(1) 称取配方量的烟酰胺加入适量的95%乙醇溶液中，使之完全溶解，备用；

(2) 称取配方量的氧化锌和二氧化钛，加入步骤（1）所得备用样中，加热研磨直至乙醇溶液完全挥发，得白色均一细粉，备用；

(3) 称取配方量的蜂蜡、烯蜡、地蜡、凡士林、聚甘油-2-三异硬脂酸酯及液体石蜡、蓖麻油，加热混匀，备用；

(4) 将步骤（2）所得备用样，加入步骤（3）的熔融物中，继续加热研磨，得均一膏体，在膏体中加入作为添加剂的尼泊金乙酯和薄荷油，混匀，冷却至55℃左右，灌装，即得。

原料配伍　本品各组分质量份配比范围为：药物在防晒药物唇膏中所占的质量份为1～10；蜡在防晒药物唇膏中所占的质量份为15～50；油脂在防晒药物唇膏中所占的质量份为35～50，其余为添加剂。

所述的药物由以下组分按质量份组成：烟酰胺20～40，氧化锌20～40，二氧化钛 20～40。

所述的蜡由以下组分按质量份组成：聚甘油-2-三异硬脂酸酯 5～20，地蜡 5～35，蜂蜡 1～5，烯蜡 3～10，凡士林 10～30。

所述的油脂组成为蓖麻油 10～20，液体石蜡 20～40。

产品应用 本品主要用作唇膏。

产品特性 本品提供了一种具有修复功能的防晒药物唇膏，该防晒药物唇膏对唇炎具有预防功能，能显著降低唇炎的发生率；对已发生唇炎所造成的唇部各种损害具有很好的治疗作用，能显著缩短愈合时间。

配方 16 抗氧化唇膏

原料配比

原料		配比(质量份)
烃油	十二酸	46.4
	十四酸	15.6
	十六酸	10.0
	十八酸	15.0
蜡	月桂子蜡	5.5
	橄榄酯	1.0
	蜂蜡	1.0
硒		0.5
维生素 A		1.0
维生素 E		1.5
添加剂	尼泊金甲酯	0.05
	尼泊金丙酯	0.05

制备方法 将各组分混合均匀即可。

原料配伍 本品各组分质量份配比范围为：烃油 50～90，蜡 2～10，硒 0.01～1，维生素 A 1～10，维生素 E 1～8，添加剂 0.05～0.1。

所述烃油为十二酸、十四酸、十六酸、十八酸及其混合物。

所述蜡选自月桂子蜡、小烛树蜡、橄榄酯、蜂蜡中的至少一种。

产品应用 本品主要用作唇膏。

产品特性 本品提供了一种能长久保持滋润和湿润，同时具备抗氧化功能的唇膏。能达到持久有效防止嘴唇皲裂，滋养和保护唇部皮肤的作用。

配方 17　可食用唇膏

原料配比

原料		配比(质量份)			
		1#	2#	3#	4#
亲脂性物质	蓖麻籽油	40	—	34.3	—
	椰子油	20	9.7	—	—
	棕榈子油	—	15.8	—	—
	菜籽油	—	30.2	—	35.5
	橄榄油	—	10.3	—	12.9
	维生素 E	—	—	13.5	—
	杏仁油	—	—	9.2	—
	卵磷脂	—	—	—	5.7
植物蜡	蜂蜡	30	13.5	—	19.4
	蓖麻蜡	—	12.8	33	15.1
植物护理剂	玫瑰精油	1	—	0.7	—
	蜂蜜	—	0.5	—	0.6
	紫草油	—	0.2	—	0.3
	芦荟凝胶液	—	0.8	—	0.5
	黄芩苷	—	—	0.3	—
	积雪草苷	—	—	0.8	0.4
其他添加剂	山梨酸	0.5	0.3	—	0.3
	甘油	8	—	6.8	—
	胭脂红	0.5	—	—	—
	山梨酸钾	—	0.7	1	0.6
	山梨醇	—	5.2	—	8.7
	甜菜红	—	—	0.4	—

制备方法　将各组分混合均匀即可。

原料配伍　本品各组分质量份配比范围为：亲脂性物质 50～70，植物蜡 25～35，植物护理剂 0～2，其他添加剂 0～10。

产品应用　本品主要用作唇膏。

产品特性　本品以天然植物提取物为活性成分，毒性低、相容性好、刺激性小、可被食用而对人体无害，在滋润唇部，改善唇部干燥，提升光泽的同时还能起到抗皱作用。

配方 18　芦荟唇膏

原料配比

原料	配比(质量份)	原料	配比(质量份)
脱色芦荟凝胶液	10.9	胆甾醇吸收基	22.5
椰子油	7.0	凡士林	18.0
鲸蜡醇	3.0	溴代酸	2.5
石蜡	9.0	防腐剂	0.1
白蜂蜡	22.0	硬脂酸丁酯	5.0

制备方法

脱色芦荟凝胶液的制备：

（1）预处理　将芦荟去皮用0.1的TD粉水溶液将精选后的去皮芦荟浸泡5～8min后清水漂净，进行清洗。

（2）打浆　将经过预处理的芦荟通过打浆机进行打浆，并滤出过粗纤维，得到脱色芦荟凝胶液。

溴代酸溶液的制备：

（1）原料配比　各组分质量份为脱色芦荟凝胶液10.9，椰子油7.0，鲸蜡醇3.0，石蜡9.0，白蜂蜡22.0，胆甾醇吸收基22.5，凡士林18.0，溴代酸2.5，防腐剂0.1，硬脂酸丁酯5.0。

（2）加热　用容器加热至70℃。

（3）合成　将溴代酸溶入加热的硬脂酸丁酯中。

唇膏合成：

（1）熔化　熔化石蜡、白蜂蜡、鲸蜡醇、凡士林、胆甾醇吸收基和椰子油，混合溴代酸溶液。

（2）混合　配入脱色芦荟凝胶液和防腐剂。

（3）研磨　经胶体磨研磨使均匀分散。

（4）浇模　当温度降至较混合物熔点约高5～10℃时，即可浇模，并快速冷却，即得到芦荟唇膏。

原料配伍　本品各组分质量份配比为：脱色芦荟凝胶液10.9，椰子油7.0，鲸蜡醇3.0，石蜡9.0，白蜂蜡22.0，胆甾醇吸收基22.5，凡士林18.0，溴代酸2.5，防腐剂0.1，硬脂酸丁酯5.0。

产品应用　本品是一种芦荟唇膏。

产品特性　本品的芦荟唇膏外观状态呈透明固体状，有清香的芦荟味，是以鲜芦荟果肉为原料，配以少量天然添加剂的一种纯天然化工日用化妆产品，保持了芦荟的营养成分、颜色，有助于美容。芦荟唇膏涂在嘴唇上，既滋润唇部皮肤，又提亮唇部，使整个人精神百倍，是一种纯天然的唇膏佳品。

配方19　魔芋葡甘聚糖润唇膏

原料配比

原料	配比(质量份)		
	1#	2#	3#
橄榄油	14(体积)	20(体积)	25(体积)
魔芋葡甘聚糖	0.1	0.3	0.5
蜂蜡	14	10	15

续表

原料	配比(质量份)		
	1#	2#	3#
羊毛脂	5(体积)	7(体积)	13(体积)
维生素E	1(体积)	1(体积)	1(体积)
胡萝卜素	—	—	0.5(体积)
苹果香精	—	—	0.5(体积)
柠檬黄	—	0.3	—
番茄红素	0.2	—	—
草莓香精	0.5(体积)	0.5(体积)	—

制备方法

(1) 取5～60mL的橄榄油倒入100mL的烧杯中，置于80～90℃水浴锅中隔水加热3～5min，将0.01～2g的魔芋葡甘聚糖倒入烧杯中，边倒边搅拌至魔芋葡甘聚糖混合液成为稠状；

(2) 取3～40g蜂蜡于容器中置微波炉调到中火微波2～4min，趁热将液体蜂蜡倒入步骤(1)的稠状混合液中，搅拌3～8min，配成魔芋葡甘聚糖蜂蜡混合液；

(3) 另取2～15mL的羊毛脂，80～90℃水浴加热3～10min，趁热与步骤(2)的魔芋葡甘聚糖蜂蜡混合液混合，并搅拌混匀；

(4) 将步骤(3)的魔芋葡甘聚糖、蜂蜡、羊毛脂混合液置室温冷却5～10min后加入0.1～2mL的维生素E、0.1～2g的食用色素以及0.1～2mL的水果香精，充分混匀；

(5) 将步骤(4)添加辅料后的混合液置于真空干燥箱内，在65℃、210Pa条件下减压脱气泡5～20min，然后取出灌装，置于0～6℃温度下凝固1～2h后即可制得。

原料配伍 本品各组分质量份配比范围为：橄榄油5～60(体积)，魔芋葡甘聚糖0.01～2，蜂蜡3～40，羊毛脂2～15(体积)，维生素E 0.1～2(体积)，食用色素0.1～2，水果香精0.1～2(体积)。

所述橄榄油、羊毛脂、维生素E、水果香精为液体；食用色素为粉末；蜂蜡、魔芋葡甘聚糖为固体；羊毛脂、维生素E、蜂蜡为医药级；橄榄油、食用色素、水果香精、魔芋葡甘聚糖为食品级。

产品应用 本品主要用作唇膏。

产品特性 本品制备方法简单，具有优良的生物活性和流变学性能，具有保湿、防水、防晒、护色等优点，对人体具有保健功能。

配方 20　强化蛇蜂纳米银元素中药唇膏

原料配比

原料	配比(质量份)	
	1#	2#
蜂蜡	10	8
蛇油	8	8
橄榄油	10	—
医用白凡士林	12	—
羊毛脂	10	8
单硬脂酸甘油酯	14	12
中药纳米粉	20	15
蜂胶	5	5
维生素 E	5	4
麝香草酚	2	2
纳米银	1	2
蜂蜜	3	4
紫草	—	15
葡萄籽油	—	10
地蜡	—	6
柠檬油	—	1

其中中药纳米粉：

原料	配比(质量份)	
	1#	2#
生黄芪	60	—
炒苍术	30	—
辛夷	30	—
白芷	30	—
蝉蜕	30	—
桑叶	30	—
野菊花	30	18
桂枝	30	—
炒麦芽	30	—
砂仁	30	—
苏叶	30	—
桔梗	30	—
防风	20	—
鱼腥草	20	—
花椒	20	—
川芎	20	—
柴胡	10	18
桂花	10	—
玫瑰花	10	—
鹅不食草	30	—
杜衡	18	—
丁香花	—	18
茉莉花	—	18
大叶桉	—	18
紫苏	—	12

续表

原料	配比(质量份)	
	1#	2#
佩兰	—	12
香风茱	—	12
苍耳子	—	12
麻黄	—	6
薄荷脑	—	6
冰片	—	2

制备方法

(1) 洗净紫草颜色鲜艳的部分，用去离子水冲洗干净，晾干剪成1cm大小段称量，加入葡萄籽油浸泡24h，加热过滤，趁热加入研细的蜂蜡、地蜡、蛇油、蜂胶、单硬脂酸甘油酯、羊毛脂加温至80℃，待熔化后搅拌，加胶体磨中研磨，进行机械破壁，常用胶体磨为破壁设备。

(2) 研磨中加入中药某一方剂，维生素E、麝香草酚，纳米银等后，压浇于铜或铝的模具中，凝固后取出上光，包装。

(3) 或者采用如下制法：

中药方剂按每一剂配比经超声粉碎至纳米级中药混合粉末与下列方法进行复配：取蜂蜡、医用白凡士林、蛇油、单硬脂酸甘油酯水浴加热至熔化，加橄榄油充分混匀。另取羊毛脂、蜂蜜水浴加热至熔化，加入中药纳米粉、维生素E、麝香草酚、纳米银充分混合均匀，在两者温度均为80℃下，前一种混合加热的物质与后一种混合加热的物质混合搅拌后，稍凉，温度30℃左右，加入薄荷油及香料适量，再充分搅拌混匀，置真空干燥箱内保持25℃，减压气泡后取出，灌入空唇膏壳中。

原料配伍 本品各组分质量份配比范围为：

唇膏中添加有中药有效方剂一：生黄芪50～70，炒苍术、辛夷、白芷、蝉蜕、桑叶、野菊花、桂枝、炒麦芽、砂仁、苏叶、桔梗各占20～40，防风、鱼腥草、花椒、川芎各10～30，柴胡、桂花、玫瑰花各5～15。

所述唇膏中添加有效中药方剂二：鹅不食草20～40，杜衡、柴胡、野菊花、丁香花、茉莉花、大叶桉各12～30，紫苏、佩兰、香风茱、苍耳子各7～17，麻黄、薄荷脑各2～10，冰片0.5～4。

所述唇膏配方之一由下面物质配比：蜂蜡5～15，蛇油3～13，橄榄油5～15，医用白凡士林7～17，羊毛脂5～15，单硬脂酸甘油酯9～20，中药纳米粉10～30，蜂胶2～8，维生素E 2～8，麝香草酚1～3，纳米银0.5～2，蜂蜜1～4。

所述唇膏配方之二由下列物质配比：紫草10～20，葡萄籽油5～15，羊毛脂 5～13，蜂蜡 5～13，蛇油 5～13，地蜡 2～11，蜂胶 1～10，单硬脂酸甘油酯 7～17，中药纳米粉 10～20，维生素 E 1～7，麝香草酚 0.5～4，柠檬油 0.05～2，蜂蜜 1～8，纳米银 0.5～3。

产品应用 本品是一种强化蛇蜂纳米银元素中药的能防治感冒的唇膏。

产品特性 本产品能有效地预防口臭，加入丁香花可使体味芳香宜人，加入玫瑰花可使口气清新、体香幽幽，加桂花可消除口臭，体味芳香宜人。此外本品还可用于感冒、鼻炎的预防和治疗。

配方 21 润唇膏

原料配比

原料		配比(质量份)			
		1#	2#	3#	4#
植物蜡	小烛树蜡	—	3.8	2.0	2.0
	巴西棕榈蜡	5.5	—	2.5	2.2
	蓖麻蜡	1.5	—	—	1.5
	霍霍巴酯	8.6	18.6	26.5	10.4
	橄榄酯	9.4	17.6	—	11.3
植物油脂	橄榄油	22.5	—	22.0	—
	芦荟油	15.0	—	15.0	6.5
	乳木果汁	6.4	—	—	5.0
	霍霍巴油	31	—	25.0	36.0
	小麦胚芽油	—	5.0	5.0	—
	鳄梨油	—	19.2	—	—
	蓖麻油	—	5.2	—	—
	葵花籽油	—	5	—	—
	杏仁油	—	10	—	—
	澳洲坚果油	—	15	—	24.5
添加剂	迷迭香叶油	—	—	1.4	—
	茶树油	—	—	0.5	—
	尼泊金甲酯	0.05	0.05	0.05	0.05
	尼泊金丙酯	0.05	0.05	0.05	0.05
	维生素 E-乙酸酯	—	0.5	—	0.5

制备方法 将各组分加热熔化，混合均匀。

原料配伍 本品各组分质量份配比范围为：所述的植物蜡在所述的润唇膏中所占的质量份为 25～40，所述的植物油脂在所述的润唇膏中所占的质量份为 55～70，其余为添加剂。

所述的植物蜡选自巴西棕榈蜡、小烛树蜡、霍霍巴酯、橄榄酯或蓖麻蜡中的至少一种。

所述的植物蜡按质量份计由以下组分组成：巴西棕榈蜡 1～10，霍霍巴酯 8～30，橄榄酯 8～20，蓖麻蜡 1～10。

所述的植物蜡还可以按质量份计由以下组分组成：小烛树蜡 1～10，霍霍巴酯 8～30，橄榄酯 8～20。

所述的植物油脂选自橄榄油、芦荟油、霍霍巴油、乳木果汁、杏仁油、小麦胚芽油、鳄梨油、蓖麻油、澳洲坚果油或葵花籽油中的至少一种。

所述的植物油脂按质量份计由以下组分组成：橄榄油 10～25，芦荟油 5～25，霍霍巴油 20～50，乳木果汁 10～30。

所述的植物油脂还可以按质量份计由以下组分组成：小麦胚芽油 5～20，鳄梨油 5～20，澳洲坚果油 20～40，蓖麻油 5～15，葵花籽油 1～10，杏仁油 10～30。

产品应用 本品主要用作润唇膏。

产品特性 本品采用植物蜡取代现有技术中普遍使用的矿物蜡，采用植物油脂取代现有技术中普遍使用的矿物油脂和合成油脂。消除了矿物蜡、矿物油脂和合成油脂对唇部肌肤的刺激和毒性，避免了石油提取物可能导致的人体皮肤湿疹样病变及动物油脂可能导致的变态性接触性皮炎。因此在使用上更安全，使用人群更为广泛。

配方 22 水貂油唇膏

原料配比

原料		配比(质量份)		
		1#	2#	3#
A 组分	蓖麻油	25	30	27
	橄榄油	15	20	18
	椰子油	12	16	15
	蜂蜡	12	15	13
	巴西棕榈蜡	12	15	14
	对羟基苯甲酸乙酯	0.2	0.5	0.3
B 组分	水貂油	10	15	14
	溴酸红染料	10	20	15
	硅氧烷	1	2	2
C 组分	维生素 A	0.2	0.5	0.3
	维生素 E	0.2	0.5	0.4
	香精	0.5	1	0.8

制备方法

（1）在不锈钢或铝制混合机内加入配方量的溴酸红染料，并加入水貂油和硅氧烷加热至 70～75℃，充分搅拌均匀后，从底部放料口送至三辊机研磨 2～3 次；然后转入真空脱泡锅内待用；

（2）将配方量的 A 组分放入熔化锅内，加热至 80～85℃，熔化后充分搅拌均匀，过滤后转入真空脱泡锅内待用；

(3) 将步骤 (1) 及步骤 (2) 得到的产物混合均匀后，降温至 40～45℃，加入配方量的C组分，搅拌直至彻底均匀；

(4) 将步骤 (3) 得到的产物进行浇注后即得成品。

原料配伍 本品各组分质量份配比范围为：蓖麻油 25～30，橄榄油 15～20，椰子油 12～16，蜂蜡 12～15，巴西棕榈蜡 12～15，对羟基苯甲酸乙酯 0.2～0.5；水貂油 10～15，溴酸红染料 10～20，硅氧烷 1～2；维生素 A 0.2～0.5，维生素 E 0.2～0.5，香精 0.5～1。

产品应用 本品主要用作化妆品。

产品特性 本品克服了现有技术存在的缺陷，提供了一种质量上乘，柔软性好，无刺激性，具有良好的护唇作用的水貂油唇膏。

配方 23 天然护唇膏

原料配比

原料		配比(质量份)
植物油	橄榄油	50
	乳木果油	5
	蓖麻油	10
	葡萄籽油	30
	月见草油	5
植物蜡		30
天然辅料		29.5
维生素 E		0.5

制备方法

(1) 将天然辅料所选用的配料利用搅拌机进行搅拌，搅拌时间不少于 0.5h，后放入玻璃容器中静置；

(2) 取所述质量份的植物油进行混合搅拌，搅拌时间不少于 0.5h，搅拌完成后加入紫草提取物，芒硝提取物，冰片，雪莲提取物中的至少一种，加热至 80～100℃；

(3) 取所述质量份的植物蜡，加热至完全熔化至液体；

(4) 将混合后的植物油与植物蜡混合后加入维生素 E，维生素 B_2，维生素 A 中的至少一种，搅拌均匀，搅拌时间不少于 0.5h；

(5) 将步骤 (1) 和步骤 (4) 所得的混合物分别加热至 65～80℃后混合搅拌均匀；

(6) 将步骤 (5) 所得混合物注入唇膏模具中，冷却，静置。

原料配伍 本品各组分质量份配比范围为：植物油 25～50，植物蜡17～30，天然辅料 25～35。

产品应用 本品是一种天然护唇膏。

产品特性 本品制备的护唇膏以植物油、植物蜡为主要成分，并添加天然植物精华素等有益成分，具有天然健康等有益效果。

配方 24 有效预防口唇炎症的护唇膏

原料配比

原料	配比(质量份)		
	1#	2#	3#
蜂蜡	50	20	35
麻油	100	40	70
蔷薇根	30	10	20
黄芩	20	10	15
甘草	30	10	20
蜂蜜	15	5	10
冰片	10	5	7

制备方法

(1) 将蔷薇根、黄芩和甘草浸泡，煎煮至浓汤，过滤，得中药浓汤；

(2) 将麻油加热至 60～70℃，依次加入蜂蜡和中药浓汤，搅拌均匀，待温度降至 50～60℃时，加入蜂蜜和冰片，搅拌，均质后，倒入模具中，室温冷却，脱模，灭菌后包装。

原料配伍 本品各组分质量份配比范围为：蜂蜡 20～50，麻油 40～100，蔷薇根 10～30，黄芩 10～20，甘草 10～30，蜂蜜 5～15，冰片 5～10。

产品应用 本品是能有效预防口唇炎症的护唇膏。

产品特性 本品配料简单，效果好，均选用纯天然配方，温和无刺激，具有清热燥湿，泻火解毒的功效，能有效保持口唇滋润，增强抗菌能力，对于口唇干裂、疼痛或因使用口红引起的过敏、日光性过敏均有良好的预防和治疗作用。适合长期使用。

配方 25 中草药唇膏

原料配比

原料	配比(质量份)		
	1#	2#	3#
白芷	48	60	72
地榆	40	50	60
黄连	60	50	40
黄芩	48	40	32
紫草	120	100	80
冰片	7.2	6	4.8
芒硝	2	3	4

续表

原料	配比(质量份)		
	1#	2#	3#
蜂蜡	320	400	480
菜籽油	500(体积)	500(体积)	500(体积)
芝麻油	500(体积)	500(体积)	500(体积)

制备方法

(1) 按以下配方准备原料，白芷 48～72，地榆 40～60，黄连 40～60，黄芩 32～48，紫草 80～120，冰片 4.8～7.2，芒硝 2～4，蜂蜡 320～480，菜籽油（体积）、芝麻油 500（体积）；

(2) 将冰片、芒硝磨成细粉，过 200～300 目细筛备用；

(3) 加热菜籽油至沸腾，再加入芝麻油至沸腾，一次加入白芷、地榆、黄连、黄芩和紫草，煎枯后捞出药渣，加入蜂蜡，待熔化后搅匀，过 250～300 目细筛，冷却至 50～60℃，加入冰片、芒硝细粉，搅拌均匀，得成品。

原料配伍 本品各组分质量份配比范围为：白芷 48～72，地榆 40～60，黄连 40～60，黄芩 32～48，紫草 80～120，冰片 4.8～7.2，芒硝 2～4，蜂蜡 320～480，菜籽油 500（体积）、芝麻油 500（体积）。

产品应用 本品是一种中草药唇膏。

产品特性 本唇膏不含任何色素、香料、激素和防腐剂，极大地降低了使用过程中的过敏率和不良反应，本品透气性好，涂擦后唇部滋润有光泽，且配制的方法简单，制作成本低。

配方 26 中药防过敏润肌唇膏

原料配比

原料		配比(质量份)					
		1#	2#	3#	4#	5#	6#
活性成分	黄芩苷	1	1	0.03	5	10	5
	紫草	6	7	6	10	10	20
油质	单硬脂酸甘油酯	—	—	1.5	24.6	24.6	—
	卵磷脂	—	—	1.5	—	—	—
	泊洛沙姆	—	—	3.67	—	—	—
	芝麻油	32.6	33.7	30	24.6	24.6	20.6
	肉豆蔻酸异丙酯	4	5	4	4	4	4
	二甲基硅油	2	3	2	2	2	2
	苹果酸二异硬脂醇酯	4	4	2	4	4	4
	四异硬脂醇季戊四醇酯	15	14	15	15	12	12
	三异硬脂酸聚甘油酯	4	4	3	4	4	4
	异壬酸异十三烷基酯	5	6	4	5	4	5
	维生素 E	0.3	0.2	0.2	0.3	0.3	0.3
	脂肪酸二季戊四醇酯	4	4	4	4	3	4

续表

原料		配比(质量份)					
		1#	2#	3#	4#	5#	6#
蜡质	蜂蜡	6	8	7	6	6	5
	微晶蜡	5	5	4	5	5	4
	石蜡	3	4	3	3	3	3
	巴西蜡	2	2	2	2	2	2
	小烛树蜡	1	2	2	1	1	1
	聚甲基丙烯酸甲酯	4	4	4	4	4	3
助悬剂	二氧化硅	1	1	1	1	1	1
防腐剂	尼泊金乙酯	0.1	0.1	0.1	0.1	0.1	0.1

制备方法

(1)取所述质量份的紫草和芝麻油，采用浸泡或油榨工艺，制得紫草油；

(2)在紫草油中加入所述质量份的其他油质，搅拌均匀，加热至70～95℃左右；

(3)加入所述质量份的蜡质，搅拌均匀；

(4)加入所述质量份的助悬剂，搅拌均匀；

(5)加入所述质量份的黄芩苷，再加入所述配比的防腐剂，搅拌均匀，黄芩苷采用购置普通成品或制成粒径为15～1000nm的纳米粒；

(6)灌注至唇膏模具中，冷却后即得。

原料配伍 本品各组分质量份配比范围为：黄芩苷0.01～10，紫草1～20，油质20～100，蜡质10～40，助悬剂0.2～2，防腐剂0.01～5。

所述油质由芝麻油15～36、单硬脂酸甘油酯0～30、卵磷脂0～2、泊洛沙姆0～6、肉豆蔻酸异丙酯3～6、二甲基硅油1～4、苹果酸二异硬脂醇酯3～6、四异硬脂醇季戊四醇酯12～17.5、三异硬脂酸聚甘油酯2～6、异壬酸异十三烷基酯3～8，维生素E 0.1～0.5和脂肪酸二季戊四醇酯2～6。

所述的蜡质由蜂蜡5～10，微晶蜡4～7、石蜡2～5、巴西蜡1～3、小烛树蜡1～3和聚甲基丙烯酸甲酯2～6。

所述的助悬剂为二氧化硅0.02～2。

所述的防腐剂为尼泊金乙酯0.02～0.2。

产品应用 本品主要用作中药防过敏润肌唇膏。

产品特性 本品唇膏含中药味活性成分，无色素、刺激性小、毒性低、相容性好、防过敏、润肌唇，可用于预防慢性唇炎及改善唇部外观美，同时对慢性唇炎有辅助疗效；尤其制备方法采用了纳米技术使唇膏防过敏、润肌唇和对慢性唇炎辅助疗效的功效更好。

配方 27　紫草色素抑菌唇膏

原料配比

原料	配比(质量份)			
	1#	2#	3#	4#
红色 204 号	1.5	2.0	—	—
红色 202 号	—	0.5	—	—
红色 218 号	—	—	—	4.2
橙色 204 号	1.0	—	—	—
红色 223 号	0.6	0.5	—	1.5
紫草色素	0.5	1.0	0.2	0.1
溴酸红	—	—	5.0	—
唇膏基质	加至 100	加至 100	加至 100	加至 100

制备方法　将各组分加热、混合、浇注、冷却、凝固得到产品。1# 为橘红色唇膏，2# 为玫瑰红唇膏 1，3# 为大红唇膏，4# 为玫瑰红唇膏 2。

原料配伍　本品各组分质量份配比范围为：紫草色素 0.01～2、色素 0～6、唇膏基质加至 100。

产品应用　本品主要用作唇膏。

产品特性　本品色彩稳定、自然，对人体的不良反应小，能抑菌、消炎、抗病毒，可防止病从口入，并对唇部的炎症有治疗作用，具有美容和医疗双重功效。

第三章
眼影

Chapter 03

第一节　眼影配方设计原则

一、眼影的特点

眼影是用来涂敷于眼窝周围上下眼皮而形成阴影，塑造人的眼睛轮廓，强化眼神，显示出立体美感的美容化妆品。眼影主要有眼影粉饼、眼影膏两种，而眼影液则较少使用。

二、眼影的分类及配方设计

（1）粉体原料　眼影粉饼、眼影膏、眼影液所使用的原料有所不同。眼影粉饼的原料和块状胭脂基本相同，主要有滑石粉、硬脂酸锌、高岭土、碳酸钙、无机颜料、珠光颜料、防腐剂、黏合剂等。滑石粉应选择滑爽及半透明状的，由于眼影粉饼中含有氧氯化铋珠光剂，故滑石粉的颗粒不能过细，否则会减少粉质的透明度，影响珠光效果，如果采用透明片状滑石粉，则珠光效果更佳。碳酸钙由于不透明，适用于无珠光的眼影粉饼。

（2）颜料　眼影类产品颜料以无机颜料为主，如氧化铁棕、氧化铁红、氧化铁黄、群青、炭黑等。通过调整颜料的配比，可以获得不同深浅的色调。由于颜料的品种和配比不同，可根据需要制成各种不同的颜色。通常有棕色、绿色、蓝色、灰色、珍珠光泽等，各种颜色的颜料可参考以下配方：

① 蓝色　群青 65%，钛白粉 35%。

② 绿色　铬绿 40%，钛白粉 60%。

③ 棕色　氧化铁 85%，钛白粉 15%。

如需要紫色，可在蓝色颜料内加入适量洋红。色泽深浅可用增减钛白粉比例来调节。由于铬绿中所含盐类能使蓖麻油氧化和聚合而使眼影膏变硬，使用不方便，此时应选用液体石蜡或棕榈酸异丙酯代替蓖麻油。

（3）表面活性剂（黏合剂） 光用颜料和粉体原料混合制造出来的眼影类产品要么松散，要么发脆，外观有缺陷，使用和携带都不方便。需要加入黏合剂予以改善。过去的黏合剂主要用棕榈酸异丙酯、高碳脂肪醇、羊毛脂、白油等油脂和蜡类物质，容易黏成块状，颜料分散得不均匀，涂抹使用上不方便。现在改用表面活性剂，一方面利用其降低固-固界面表面张力，使粉体和颜料均匀混合，另一方面利用它自身与各种原料充分混合。冷却后恢复软硬适宜的固态，将粉体和颜料不松不紧黏合在一起，方便使用。合适的表面活性剂是硬脂酸盐/硬脂酸体系和蜂蜡/硼砂体系、失水山梨醇倍半油酸酯等。眼影膏是用油脂、蜡和颜料制成的产品，也可用乳化体作为基体，需要加入乳化剂，如吐温类非离子型表面活性剂。眼影液是以水为介质，将颜料分散于水中制成的液状产品，具有价格低廉，涂敷方便等特点。制作该产品的关键是使颜料均匀稳定地悬浮于水中，更需要有表面活性剂的帮助分散，还需加入硅酸铝镁、聚乙烯吡咯烷酮等增稠稳定剂，以避免固体颜料沉淀，同时聚乙烯吡咯烷酮能在皮肤表面形成薄膜，对颜料有黏附作用，使其不易脱落。

配方中颜料使用量不同，所用黏合剂的量也各不相同，加入颜料配比较高时，也要适当提高黏合剂的用量，才能压制成粉饼。

第二节 眼影配方实例

配方 1 粉质眼影块

原料配比

原料	配比(质量份)		
	1#	2#	3#
高岭土	50	60	55
群青	10	20	15
二氧化钛	3	5	4
氢氧化铋	15	25	20
蜂蜡	2	5	4
棕榈酸异丙酯	4	8	6
单硬脂酸甘油酯	0.5	1	0.7
香精	0.3	0.6	0.4

制备方法

（1）按配方量要求将棕榈酸异丙酯，单硬脂酸甘油酯及蜂蜡混合，搅拌均匀；如若不溶解可适当加热，并搅拌溶解。

（2）在上述溶液中加入其余物料，搅拌均匀并压制成块状，即可制得成品。

原料配伍 本品各组分质量份配比范围为：高岭土 50～60，群青 10～20，二氧化钛 3～5，氢氧化铋 15～25，蜂蜡 2～5，棕榈酸异丙酯 4～8，单硬脂酸甘油酯 0.5～1，香精 0.3～0.6。

产品应用 本品主要用于眼皮上成为阴影，以增强眼睛的表情。适用于年轻女性化妆用，也可用于戏妆。

使用方法：涂擦于上下眼皮和外眼角，突出眼部立体感。

产品特性

（1）本产品对皮肤和眼无刺激性，也无任何不良反应；

（2）本产品具有良好光泽，并易于涂擦；

（3）本产品不怕雨水，泪水和汗水浸湿，具有适宜的干燥性。

配方 2 改进的水性眼影

原料配比

原料		配比(质量份)
A 组分	水	68.77
	硅石	5.00
	氧化铁类(CI 77499)	1.86
	氧化铁类(CI 77491)	1.43
	脱氢乙酸钠	0.20
	山梨酸钾	0.10
	甜菜碱、丁二醇、葡萄糖、甘油聚醚-26、木芙蓉花提取物、沙棘提取物、苯氧乙醇、棉子糖和透明质酸钠组成的水溶液	0.01
B 组分	角鲨烷	3.00
	聚二甲基硅氧烷	2.00
	硬脂醇聚醚-21	0.50
	硬脂醇聚醚-2	0.50
	甲基丙烯酸甲酯交联聚合物和透明质酸钠的水溶液	0.01
C 组分	聚丙烯酸酯-13、聚异丁烯和聚山梨醇酯-20 组成的水溶液	1.60
D 组分	乙基己基甘油和苯氧乙醇的混合物	1.00
	氢化澳洲坚果籽油和澳洲坚果籽油的混合物	0.01
	丁二醇、甘油、白茅根提取物、乳酸杆菌/大豆发酵产物提取物和白果槲寄生叶提取物的水溶液	0.01
E 组分	云母、二氧化钛和氧化铁类(CI 77491)的混合物	14.00

制备方法

(1) 将A组分加到乳化锅中，加热到85℃，搅拌均匀、均质，均质完成后，加入E组分，搅拌均匀；

(2) 将B组分加到油相锅中，升温至85℃，溶解完全；

(3) 将B组分加到A组分中，均质3000r/min，至加完后再乳化5～10min，乳化完全，搅拌下降温；

(4) 降温到70℃，将C组分加到乳化锅中，均质3000r/min、5min，混合均匀；

(5) 降温到45℃，将D组分加到乳化锅中，混合均匀；

(6) 降温到35℃，检验合格后出料；

(7) 再次检验合格后灌装，包装，检验合格后入库。

原料配伍 本品各组分质量份配比范围为：

A组分中各物质的质量份如下：水60～70，硅石4～10，CI为77499的氧化铁类1.5～2，CI为77491的氧化铁类1.3～2，脱氢乙酸钠0.1～0.3，山梨酸钾0.1～0.3，甜菜碱、丁二醇、葡萄糖、甘油聚醚-26、木芙蓉花提取物、沙棘提取物、苯氧乙醇、棉子糖和透明质酸钠组成的水溶液0.005～0.15。

所述的甜菜碱、丁二醇、葡萄糖、甘油聚醚-26、木芙蓉花提取物、沙棘提取物、苯氧乙醇、棉子糖、透明质酸钠和水的质量比为5∶11∶6.5∶8.5∶11∶2∶0.5∶2∶0.065∶56.435。

B组分中各物质的质量份数如下：角鲨烷2～5；聚二甲基硅氧烷1～3；硬脂醇聚醚-21 0.5～1.0；硬脂醇聚醚-2 0.5～1.0；甲基丙烯酸甲酯交联聚合物和透明质酸钠的水溶液0.005～0.15。

所述的甲基丙烯酸甲酯交联聚合物、透明质酸钠和水的质量比为69.9∶0.1：30。

C组分中各物质的质量份数如下：聚丙烯酸酯-13、聚异丁烯和聚山梨醇酯-20组成的水溶液1.5～1.8。

所述的聚丙烯酸酯-13、聚异丁烯、聚山梨醇酯-20和水的质量比为60∶30∶5∶5。

D组分中各物质的质量份数如下：乙基己基甘油和苯氧乙醇的混合物0.8～1.2；所述的乙基己基甘油和苯氧乙醇的质量比为10∶90；氢化澳洲坚果籽油和澳洲坚果籽油的混合物0.005～0.15，氢化澳洲坚果籽油和澳洲坚果籽油的质量比为30∶70；丁二醇、甘油、白茅根提取物、乳酸杆菌/大豆发酵产物提取物和白果槲寄生叶提取物的水溶液0.005～0.15，丁二醇、甘油、白茅根提取物、乳酸杆菌/大豆发酵产物提取物、白果槲寄生叶提取物和水的质量比为 27∶17∶4∶4∶4∶44。

E组分各物质的质量份数如下：云母、二氧化钛和CI为77491的氧化铁类的混合物 12～15。

所述的云母、二氧化钛和氧化铁类（CI 77491）的质量比为 50∶15∶35。

产品应用 本品是一种改进的水性眼影。

产品特性 本产品比传统眼影在使用性能上有更多水润感，高效贴肤。

配方 3 含天然色素的眼影

原料配比

原料		配比(质量份)		
		1#	2#	3#
甘油		18	15	22
硬脂酸异丙酯		12	14	10
透明质酸		5	6	4
二氧化钛		6	5	7
珍珠粉		19	23	15
二氧化硅		7	6	8
天然表面活性剂	羊毛脂醇	6.75	7.5	6
	卵磷脂	2.25	2.5	2
天然植物色素	草莓	3	—	—
	桑葚	—	—	5
	青辣椒	1	—	—
可可脂		2	5	1
瓜尔胶		4	3	5
水		15	12	15

制备方法 将水、甘油、硬脂酸异丙酯、透明质酸混合均匀后加热至45～50℃，加入天然表面活性剂、瓜尔胶、可可脂，混合均匀后，加入二氧化钛、珍珠粉、二氧化硅、天然植物色素调制颜色，搅拌 10～15min 后，快速冷却成型，即得。

原料配伍 本品各组分质量份配比范围为：甘油 15～22，硬脂酸异丙酯 10～14，透明质酸 4～6，二氧化钛 5～7，珍珠粉 15～23，二氧化硅 6～8，天然表面活性剂 8～10，天然植物色素 1～5，可可脂 1～5，瓜尔胶 3～5，水 10～25。

所述的天然植物色素分子量大于 3000。

所述的天然表面活性剂由羊毛脂醇和卵磷脂按质量比为 3∶1 组成。

所述的天然植物色素的提取方法为：将新鲜植物碾碎后，使用体积分数为 50%～75%的乙醇溶液进行浸提，在 15～25℃条件下搅拌浸提 5～8h，然后将浸提液使用膜分离得到大分子的有色提取物，冷冻干燥，即得。

所述的新鲜植物为草莓、桑葚、青辣椒中的一种。

产品应用 本品是一种含天然色素的眼影。

产品特性

（1）防止色素沉积 由于植物提取色素分子量大于3000时，不易被皮肤吸收，而且采用乙醇溶液进行提取，有良好的脂溶性，使用一般的卸妆液就能完全清除干净。

（2）良好的附着力 由于植物提取物与皮肤具有亲和性，有良好的附着力，并且应用在彩妆中与可可脂、瓜尔胶混合具有良好的相溶性，使彩妆用品更加均匀。

（3）使用本产品制得的眼影，颜色鲜亮，附着力好，使用时不脱色，易清洁干净，长期使用无色素沉积。

配方 4 含有天然色素的三色眼影

原料配比

原料	配比(质量份)		
	1#	2#	3#
青黛	35	50	42
朱砂	0.3	3	2.6
栀子黄	25	45	35
云母粉	9	24	16.5
氯氧化铋	1.2	18	9.6
二氧化钛	6	54	30
珍珠粉	24	75	48
尼泊金酯	0.3	3	4.65
棕榈酸异辛酯	3	15	9
二甲基硅油	1.5	15	5.1
生育酚	0.6	6	3.3

制备方法

（1）将青黛、朱砂、栀子黄分别经超微粉碎机粉碎，待用；

（2）将粉状原料云母粉、氯氧化铋、二氧化钛、珍珠粉、尼泊金酯粉碎研磨；

（3）将油状原料棕榈酸异辛脂、二甲基硅油、生育酚混合均匀；

（4）分别将青黛、朱砂、栀子黄和混合后的粉状原料混合时，由喷油嘴喷出油状原料，混合均匀，过60～120目筛，压制成饼状。

原料配伍 本品各组分质量份配比范围为：青黛35～50，棕榈酸异辛脂3～15，氯氧化铋1.2～18，朱砂0.3～3，二甲基硅油1.5～15，二氧化钛6～54，栀子黄25～45，生育酚0.6～6，珍珠粉24～75，云母粉9～24，尼泊金酯0.3～5。

产品应用 本品是一种含有天然色素的三色眼影。

产品特性 本产品中的青黛、朱砂、栀子黄，不仅是天然色素，也是常用的清热解毒、凉血去火的中药，最大限度地避免了因长期使用眼影而造成眼部皮肤的伤害，还能起到保护、滋养肌肤的作用。

配方 5 红豆眼影膏

原料配比

原料	配比(质量份)				
	1#	2#	3#	4#	5#
高岭土	5	6	7	8	10
硅藻土	10	8	7	6	5
棕榈酸甘油酯	5	6	7	8	10
凡士林	10	8	7	6	5
微晶蜡	5	6	7	8	10
青黛	10	8	7	6	5
珍珠粉	1	2	3	4	5
红豆粉	5	4	3	2	1
蜂蜡	1	2	3	4	5
鲸蜡	5	4	3	2	1
二甲基硅油	1	2	3	4	5
十八醇	5	4	3	2	1
甘油	10	12	15	18	20
人参提取物	20	25	30	35	40
连翘提取物	40	35	30	25	20
洋甘菊提取物	20	25	30	35	40
椰油酸单乙醇酰胺	0.5	0.8	1	2	3
苯氧乙醇	0.1	0.2	0.3	0.4	0.5
珠光粉	0.1	0.2	0.3	0.4	0.5
香精	0.1	0.2	0.3	0.4	0.5

制备方法

(1) 按配方量，将人参提取物、连翘提取物、洋甘菊提取物、甘油与苯氧乙醇混合均匀后加热至60～80℃；

(2) 保温下，依次将椰油酸单乙醇酰胺、棕榈酸甘油酯、蜂蜡、鲸蜡、凡士林、二甲基硅油、十八醇、微晶蜡加入步骤 (1) 制得的混合液中，搅拌使其均质化，制得黏稠状液体；

(3) 向步骤 (2) 制得的黏稠状液体中加入高岭土、硅藻土、珍珠粉、红豆粉、珠光粉与青黛，保温下搅拌至完全混匀；

(4) 将步骤 (3) 制得的混合物冷却至45～55℃时加入香精，混合均匀继续冷却至室温，出料。

原料配伍 本品各组分质量份配比范围为：高岭土5～10，硅藻土5～10，珍珠粉1～5，红豆粉1～5，棕榈酸甘油酯5～10，蜂蜡1～5，鲸蜡1～5，凡士林5～10，二甲基硅油1～5，十八醇1～10，甘油10～20，人参提取物20～40，连翘提取物20～40，洋甘菊提取物20～40，微晶蜡5～10，椰油酸单乙醇酰胺0.5～3，苯氧乙醇0.1～0.5，珠光粉0.1～0.5，香精0.1～0.5，青黛5～10。

所述珍珠粉的目数至少为1000目。

所述红豆粉的目数至少为500目。

所述人参提取物的制备方法为：将人参红外干燥粉碎后，按1g粉末加3g水的比例，将粉末加入水中，加热回流2～5h进行提取，滤去不溶物，将所得提取液减压蒸馏至60℃时的相对密度为1.2～1.5时，即得。

所述洋甘菊提取物的制备方法为：将洋甘菊红外干燥粉碎后，按1g粉末加3g体积分数为50%的乙醇溶液的比例，将粉末加入体积分数为50%的乙醇溶液中，超声提取20～40min，滤去不溶物，将所得提取液减压蒸馏至60℃时的相对密度为1.2～1.5时，即得。

产品应用 本品是一种红豆眼影膏。

产品特性 本产品质地清爽，易于涂抹，上妆持久；具有很好的光泽，妆容效果良好；不含重金属等有害成分，对皮肤无刺激。人参和连翘具有非常好的美容护肤效果，珍珠粉和红豆粉的配合可以具有美白、滋润皮肤的功能，可以在带妆的同时改善眼部皮肤；洋甘菊提取物能够舒缓眼影膏中的某些成分对眼部皮肤的刺激，即使长久带妆也不会有不舒适感产生。

配方6 环保型的蓝色眼影膏

原料配比

原料	配比(质量份)		
	1#	2#	3#
去离子水	59	62	64
铝硅酸镁	15	18	20
白油	12	16	20
甘油	4	6	8
角鲨烷	13	15	18
凡士林	10	11	12
羊毛脂	3	5	7
单硬脂酸甘油酯	3	5	6
蜂蜡	4	6	8
二氧化钛	6	7	8
芋头淀粉	15	20	23
蓝莓色素	19	23	26
香精	2	3	4

制备方法

（1）取以下原料：去离子水59～64份，铝硅酸镁15～20份，白油12～20份，甘油4～8份，角鲨烷13～18份；将上述原料混合搅拌后加热至70～80℃，使之溶解均匀，得到水相混合物。

（2）取以下原料：凡士林10～12份，羊毛脂3～7份，单硬脂酸甘油酯3～6份，蜂蜡4～8份；将上述原料混合搅拌后加热至70～80℃，使之溶解均匀，得到油相混合物。

（3）在搅拌下将油相混合物加入水相混合物中，混合均匀后加入以下原料：二氧化钛6～8份，芋头淀粉15～23份，蓝莓色素19～26份，混合均匀，得到两相混合物。

（4）将两相混合物冷却至40～45℃时加入香精2～4份，搅拌均匀后静置冷却到室温，得到环保型的蓝色眼影膏。

原料配伍 本品各组分质量份配比范围为：去离子水59～64，铝硅酸镁15～20，白油12～20，甘油4～8，角鲨烷13～18，凡士林10～12，羊毛脂3～7，单硬脂酸甘油酯3～6，蜂蜡4～8，二氧化钛6～8，芋头淀粉15～23，蓝莓色素19～26，香精2～4。

所述蓝莓色素由以下方法制备而成：将蓝莓粉碎后，加入到质量分数为50%的乙醇水溶液中混合后，得到混合液，其中蓝莓的质量与质量分数为50%的乙醇水溶液的体积之比为1∶（10～15）；将上述混合液在功率150W、频率40kHz的超声条件下，并控制温度为25℃，时间为15～30min进行超声提取，然后用0.45μm微孔滤膜过滤，将过滤后所得到的滤液在真空度为0.094～0.096MPa的条件下进行真空旋转蒸发，得到浓缩液；将浓缩液在温度为－55℃的条件下进行冷冻干燥，得到蓝莓色素。

所述的芋头淀粉可以采用传统方法提取，也可以采用以下方法提取：将芋头洗净、去尾、切碎，加温度为4℃的去离子水在磨浆机中打浆，将浆液依次通过样筛筛分，去除纤维；滤液静置沉降6h，轻轻吸去上清液，沉淀物用0.2%的NaOH脱除蛋白，酸中和至中性，离心，弃上清液，将表面非白色的杂质层轻轻刮去，然后用去离子水反复洗涤，直至杂质除尽；40℃干燥48h，粉碎、过筛，制得芋头淀粉。

产品应用 本品是一种彩妆眼影。

产品特性 本产品用芋头淀粉取代部分二氧化钛，降低了二氧化钛的用量，用蓝莓色素取代人工色素，有利于消费者的皮肤健康；本产品中的芋头淀粉与蓝莓色素黏合度好，能使蓝莓色素在眼部黏合时间达到52h以上，当使用者卸妆时，通过清水即可轻易将眼影膏从眼部洗净。

配方 7 活血抑菌眼影膏

原料配比

原料	配比(质量份)				
	1#	2#	3#	4#	5#
活血丹提取物	2.15	0.3	1.2	3	4
鸡矢藤提取物	1.1	0.2	0.65	1.5	2
珍珠粉	2	1	1.5	2.5	3
甘油	7.5	5	6	9	10
丙二醇	4.5	1	3	6	8
角鲨烷	15	10	12.5	17.5	20
矿脂	9	6	7.5	10.5	12
辛酸/癸酸甘油三酯	5	3	4	6	7
单硬脂酸甘油酯	4.5	3	3.75	5	6
月桂酸己酯	6	4	5	7	8
苯氧乙醇	0.2	0.1	0.15	0.25	0.3
香精	3	1	2	4	5
去离子水	40.05	65.4	52.75	27.75	14.7

制备方法

(1) 将甘油、丙二醇、去离子水混合搅拌加热至70～80℃，使之溶解均匀，得到水相混合物；

(2) 将矿脂、辛酸/癸酸甘油三酯、角鲨烷、珍珠粉、单硬脂酸甘油酯、月桂酸己酯混合搅拌加热至70～80℃，使之溶解均匀，得到油相混合物；

(3) 在搅拌下将油相混合物加入水相混合物中，混合均匀后加入植物组合物，混合均匀，得到两相混合物；

(4) 待两相混合物冷却至40～45℃时加入苯氧乙醇，搅拌均匀后冷却出料。

原料配伍 本品各组分质量份配比范围为：植物组合物0.5～6，植物组合物为活血丹提取物和鸡矢藤提取物，活血丹提取物和鸡矢藤提取物的质量比为(0.3～4)：(0.2～2)。

还包括1～3份珍珠粉，珍珠粉的目数至少为1000目。

还包括以下成分：甘油5～10份、丙二醇1～8份、角鲨烷10～20份、矿脂6～12份、辛酸/癸酸甘油三酯3～7份、单硬脂酸甘油酯3～6份、月桂酸己酯4～8份、苯氧乙醇0.1～0.3份。

所述的植物组合物的制备方法为：将活血丹和鸡矢藤洗净烘干，混合一起粉碎，过20～40目筛，按料液比1：(10～30)加入30%～70%乙醇中，于50～90℃下回流提取3次，每次1～3h，趁热过滤，合并滤液后经旋转蒸发除去乙醇即可。

产品应用 本品是一种活血抑菌眼影膏。

产品特性

（1）本产品温和贴肤，易于涂抹并上妆持久。

（2）基底料具有辛酸/癸酸甘油三酯，配合活血丹提取物、鸡矢藤提取物和珍珠粉活性成分，使得眼影膏在带妆的同时改善眼部皮肤，有抑菌、抗氧化、调理眼部肌肤作用；活血丹提取物具有很好的抑菌作用和清热解毒、消肿、活血促循环作用，配合鸡矢藤提取物中鸡矢藤多糖的抑菌效果，再配合珍珠粉补充皮肤营养的效果，达到改善眼部皮肤，抑菌、抗氧化、活血、调理眼部肌肤的作用。

（3）本产品不含重金属成分，安全性高且无刺激性，长久带妆也不会有不适感。

（4）本产品色彩光泽度佳，妆容效果好。

配方 8　连翘眼影膏

原料配比

原料	配比(质量份)				
	1#	2#	3#	4#	5#
高岭土	5	6	7	8	10
硅藻土	10	8	7	6	5
棕榈酸甘油酯	5	6	7	8	10
凡士林	10	8	7	6	5
微晶蜡	5	6	7	8	10
青黛	10	8	7	6	5
珍珠粉	1	2	3	4	5
杏仁粉	5	4	3	2	1
蜂蜡	1	2	3	4	5
鲸蜡	5	4	3	2	1
二甲基硅油	1	2	3	4	5
十八醇	5	4	7	2	1
甘油	10	12	15	18	20
人参提取物	20	25	30	35	40
连翘提取物	40	35	30	25	20
椰油酸单乙醇酰胺	0.5	0.8	1	2	3
苯氧乙醇	0.1	0.2	0.3	0.4	0.5
珠光粉	0.1	0.2	0.3	0.4	0.5
香精	0.1	0.2	0.3	0.4	0.5

制备方法

（1）按配方量，将人参提取物、连翘提取物、甘油与苯氧乙醇混合均匀后加热至 60～80℃；

（2）保温下，依次将椰油酸单乙醇酰胺、棕榈酸甘油酯、蜂蜡、鲸蜡、凡士林、二甲基硅油、十八醇、微晶蜡加入步骤（1）制得的混合液中，搅拌使其均质化，制得黏稠状液体；

（3）向步骤（2）制得的黏稠状液体中加入高岭土、硅藻土、珍珠粉、杏仁粉、珠光粉与青黛，保温下搅拌至完全混匀；

（4）将步骤（3）制得的混合物冷却至45～55℃时加入香精，混合均匀后继续冷却至室温，出料。

原料配伍 本品各组分质量份配比范围为：高岭土5～10，硅藻土5～10，珍珠粉1～5，杏仁粉1～5，棕榈酸甘油酯5～10，蜂蜡1～5，鲸蜡1～5，凡士林5～10，二甲基硅油1～5，十八醇1～10，甘油10～20，人参提取物20～40，连翘提取物20～40，微晶蜡5～10，椰油酸单乙醇酰胺0.5～3，苯氧乙醇0.1～0.5，珠光粉0.1～0.5，香精0.1～0.5，青黛5～10。

所述珍珠粉的目数至少为1000目。

所述杏仁粉的目数至少为500目。

所述人参提取物的制备方法为：将人参红外干燥粉碎后，按1g粉末加3g水的比例，将粉末加入水中，加热回流2～5h进行提取，滤去不溶物，将所得提取液减压蒸馏至60℃时的相对密度为1.2～1.5时，即得。

所述连翘提取物的制备方法为：将连翘红外干燥粉碎后，按1g粉末加3g体积分数为50%的乙醇溶液的比例，将粉末加入体积分数为50%的乙醇溶液中，加热回流2～5h进行提取，滤去不溶物，将所得提取液减压蒸馏至60℃时的相对密度为1.2～1.5时，即得。

产品应用 本品是一种连翘眼影膏。

产品特性 本产品质地清爽，易于涂抹，上妆持久；具有很好的光泽，妆容效果良好；不含重金属等有害成分，对皮肤无刺激。人参和连翘具有非常好的美容护肤效果，珍珠粉和杏仁粉的配合可以具有美白、滋润皮肤的功能，可以在带妆的同时改善眼部皮肤。杏仁粉可以进一步延长妆容的保持时间，而且不怕雨水、泪水及汗水的浸湿。

配方9 芡实眼影膏

原料配比

原料	配比(质量份)				
	1#	2#	3#	4#	5#
高岭土	5	6	7	8	10
硅藻土	10	8	7	6	5
棕榈酸甘油酯	5	6	7	8	10
凡士林	10	8	7	6	5
微晶蜡	5	6	7	8	10
青黛	10	8	7	6	5
珍珠粉	1	2	3	4	5
芡实粉	5	4	3	2	1
蜂蜡	1	2	3	4	5

续表

原料	配比(质量份)				
	1#	2#	3#	4#	5#
鲸蜡	5	4	3	2	1
二甲基硅油	1	2	3	4	5
十八醇	5	4	3	2	1
甘油	10	12	15	18	20
人参提取物	20	25	30	35	40
连翘提取物	40	35	30	25	20
洋甘菊提取物	20	25	30	35	40
椰油酸单乙醇酰胺	0.5	0.8	1	2	3
苯氧乙醇	0.1	0.2	0.3	0.4	0.5
珠光粉	0.1	0.2	0.3	0.4	0.5
香精	0.1	0.2	0.3	0.4	0.5

制备方法

(1) 按配方量，将人参提取物、连翘提取物、洋甘菊提取物、甘油与苯氧乙醇混合均匀后加热至60～80℃；

(2) 保温下，依次将椰油酸单乙醇酰胺、棕榈酸甘油酯、蜂蜡、鲸蜡、凡士林、二甲基硅油、十八醇、微晶蜡加入步骤(1)制得的混合液中，搅拌使其均质化，制得黏稠状液体；

(3) 向步骤(2)制得的黏稠状液体中加入高岭土、硅藻土、珍珠粉、芡实粉、珠光粉与青黛，保温下搅拌至完全混匀；

(4) 将步骤(3)制得的混合物冷却至45～55℃时加入香精，混合均匀继续冷却至室温，出料。

原料配伍 本品各组分质量份配比范围为：高岭土5～10，硅藻土5～10，珍珠粉1～5，芡实粉1～5，棕榈酸甘油酯5～10，蜂蜡1～5，鲸蜡1～5，凡士林5～10，二甲基硅油1～5，十八醇1～10，甘油10～20，人参提取物20～40，连翘提取物20～40，洋甘菊提取物20～40，微晶蜡5～10，椰油酸单乙醇酰胺0.5～3，苯氧乙醇0.1～0.5，珠光粉0.1～0.5，香精0.1～0.5，青黛5～10。

所述珍珠粉的目数至少为1000目。

所述芡实粉的目数至少为500目。

所述人参提取物的制备方法为：将人参红外干燥粉碎后，按1g粉末加3g水的比例，将粉末加入水中，加热回流2～5h进行提取，滤去不溶物，将所得提取液减压蒸馏至60℃时的相对密度为1.2～1.5时，即得。

所述连翘提取物的制备方法为：将连翘红外干燥粉碎后，按1g粉末加3g体积分数为50%的乙醇溶液的比例，将粉末加入体积分数为50%的乙醇溶液中，加热回流2～5h进行提取，滤去不溶物，将所得提取液减压蒸馏至60℃

时的相对密度为1.2～1.5时，即得。

所述洋甘菊提取物的制备方法为：将洋甘菊红外干燥粉碎后，按1g粉末加3g体积分数为50%的乙醇溶液的比例，将粉末加入体积分数为50%的乙醇溶液中，超声提取20～40min，滤去不溶物，将所得提取液减压蒸馏至60℃时的相对密度为1.2～1.5时，即得。

产品应用 本品是一种芡实眼影膏。

产品特性 本产品膏质地清爽，易于涂抹，上妆持久；具有很好的光泽，妆容效果良好；不含重金属等有害成分，对皮肤无刺激。人参和连翘具有非常好的美容护肤效果，珍珠粉和芡实粉的配合可以具有美白、滋润皮肤的功能，可以在带妆的同时改善眼部皮肤；洋甘菊提取物能够舒缓眼影膏中的某些成分对眼部皮肤的刺激，即使长久带妆也不会有不舒适感产生。

配方10 清爽持久型眼影

原料配比

原料		配比(质量份)		
		1#	2#	3#
珍珠粉		10	15	20
滑石粉		10	15	20
栀子黄色素		8	10	12
保湿剂	三甲基甘氨酸	4.5	7	9
水性成膜剂	苯乙烯丙烯酸酯共聚物	2	2.5	3
虾青素		0.5	1.5	2
角鲨烷		0.5	1	2
聚丙烯酸钠接枝淀粉		0.5	0.8	1
水		64	47.2	31

制备方法

(1) 将保湿剂、虾青素、角鲨烷、聚丙烯酸钠接枝淀粉和水混合均匀；

(2) 搅拌下将珍珠粉、滑石粉和栀子黄色素加入到步骤(1)的混合物中；

(3) 将水性成膜剂加入到步骤(2)的混合物中，搅拌均匀，即得。

原料配伍 本品各组分质量份配比范围为：珍珠粉10～20，滑石粉10～20，栀子黄色素8～12，保湿剂4.5～9，水性成膜剂2～3，虾青素0.5～2，角鲨烷0.5～2，聚丙烯酸钠接枝淀粉0.5～1和水31～64。

所述的保湿剂为三甲基甘氨酸。

所述的水性成膜剂为苯乙烯丙烯酸酯共聚物。

产品应用 本品主要是一种清爽持久型眼影。

产品特性

(1) 珍珠粉是珍珠研磨的细粉，为美容佳品，具有安神定惊、明目消翳、解毒生机的作用；滑石粉由于颗粒小、总面积大，可有保护的作用，能吸附大量化学刺激物或毒物，具有保护作用；栀子黄色素的主要成分为藏红花素和藏红花酸，是一种罕见的水溶性胡萝卜素，极易被人体吸收，在人体内可以转化为维生素 A，可以补充人体维生素的不足，是一种营养型着色剂。

(2) 三甲基甘氨酸是天然保湿剂，具高度生物兼容性，用于个人护理产品中能迅速改善肤发的水分保持能力，激发细胞活力，使肌肤滋润、光滑，防止干燥和发暗。

(3) 添加水性成膜剂来达到持久不脱妆的效果，水性成膜剂苯乙烯丙烯酸酯共聚物是亲水性原料，可以使产品具有防油防汗的功效。

(4) 虾青素是一种红色素，其化学结构类似于β-胡萝卜素，虾青素是类胡萝卜素的一种，也是类胡萝卜素合成的中间产物，因此在自然界，虾青素具有最强的抗氧化性。

(5) 角鲨烷是从深海鲨鱼肝脏中提取的角鲨烯经氢化制得的一种性能优异的烃类油脂，是少有的化学稳定性高、使用感极佳的动物油脂，对皮肤有较好的亲和性，不会引起过敏和刺激，并能加速配方中其他活性成分向皮肤中渗透，具有较低的极性和中等的铺展性，且纯净、无色、无异味。

(6) 添加吸水性能优越的高分子聚合物“聚丙烯酸钠接枝淀粉”，不仅让水凝胶化，而且能将油性成分包裹起来，并提供丝滑的肤感，使整个产品变成有弹性的水性膏体，即使在携带的过程中跌落，也不会散落，保持了产品的形态。

(7) 本产品的高比例的水分让人体肌肤倍感清凉，质地清爽，易于涂抹，上妆持久，还能起到保护、滋养肌肤的作用。

配方 11　清爽型眼影膏

原料配比

原料		配比(质量份)			
		1#	2#	3#	4#
A组分	棕榈酸乙基己酯	10	50	10	10
	硅氧烷	10	50	10	10
	二甲基甲硅烷基化硅石	5	1.5	0.5	1
B组分	蜂蜡	10	10	8	5
	地蜡	10	10	8	5
	硅蜡	5	2	2	1
	苯氧乙醇	2	0.5	0.4	0.2
	卵磷脂	5	—	—	0.5
	聚多元醇聚亚油酸酯	—	2	—	0.2
	肉豆蔻酸异丙酯	—	—	1.5	—

续表

原料		配比(质量份)			
		1#	2#	3#	4#
C组分	滑石粉	10	40	40	20
	珠光粉	10	40	40	20
D组分	香精	—	0.5	0.3	0.2

制备方法

(1) 将A组分混合搅拌加热至70～80℃，将B组分混合加热至90～100℃；边搅拌边将B组分加入A组分中，混合均匀后加入C组分；将组分A、B和C的混合物冷却到50～60℃，加入D组分，搅拌均匀，冷却至室温。

(2) 将步骤(1)中配制的混合物加热至80～90℃，灌装于相应容器中，冷却后，表面撒一层珠光粉，用带有花纹的模具压制花纹。

原料配伍 本品各组分质量份配比范围为：

A组分：棕榈酸乙基己酯1～50，硅氧烷1～50，二甲基甲硅烷基化硅石0.5～5。

B组分：蜂蜡1～10，地蜡1～10，硅蜡0.5～5，苯氧乙醇0.2～5，卵磷脂、聚多元醇聚亚油酸酯或肉豆蔻酸异丙酯中至少一种0.5～2。

C组分：滑石粉1～40，珠光粉1～40。

D组分：香精0～0.5。

所述的香精选自化妆品常用的香精。

产品应用 本品是一种添加粉类物质含量较高的、清爽型的眼影膏。

产品特性

(1) 本产品添加了颜料分散剂卵磷脂、聚多元醇聚亚油酸酯、肉豆蔻酸异丙酯，从而使配方中粉体含量可以达到40%，同时油脂主要选择清爽透气的硅氧烷及棕榈酸乙基己酯，避免了常见眼影膏存在的不足，给予肌肤干爽丝滑的感觉，并且使眼部妆容自然持久。

(2) 本产品突破了常见眼影膏的局限，通过加热灌装后进行压制各种图案，增加了产品表面的立体感、光泽度及新颖感，从视觉上增加了消费者使用的欲望。

配方12 人参眼影膏

原料配比

原料	配比(质量份)				
	1#	2#	3#	4#	5#
高岭土	5	6	7	8	10
硅藻土	10	8	7	6	5

续表

原料	配比(质量份)				
	1#	2#	3#	4#	5#
棕榈酸甘油酯	5	6	7	8	10
凡士林	10	8	7	6	5
微晶蜡	5	6	7	8	10
青黛	10	8	7	6	5
珍珠粉	1	2	3	4	5
杏仁粉	5	4	3	2	1
蜂蜡	1	2	3	4	5
鲸蜡	5	4	3	2	1
二甲基硅油	1	2	3	4	5
十八醇	5	4	3	2	1
甘油	10	12	15	18	20
人参提取物	20	25	30	35	40
椰油酸单乙醇酰胺	0.5	0.8	1	2	3
苯氧乙醇	0.1	0.2	0.3	0.4	0.5
珠光粉	0.1	0.2	0.3	0.4	0.5
香精	0.1	0.2	0.3	0.4	0.5

制备方法

(1) 按配方量，将人参提取物、甘油与苯氧乙醇混合均匀后加热至60～80℃；

(2) 保温，依次将椰油酸单乙醇酰胺、棕榈酸甘油酯、蜂蜡、鲸蜡、凡士林、二甲基硅油、十八醇、微晶蜡加入步骤 (1) 制得的混合液中，搅拌使其均质化，制得黏稠状液体；

(3) 向步骤 (2) 制得的黏稠状液体中加入高岭土、硅藻土、珍珠粉、杏仁粉、珠光粉与青黛，保温下搅拌至完全混匀；

(4) 将步骤 (3) 制得的混合物冷却至45～55℃时加入香精，混合均匀继续冷却至室温，出料。

原料配伍 本品各组分质量份配比范围为：高岭土5～10，硅藻土5～10，珍珠粉1～5，杏仁粉1～5，棕榈酸甘油酯5～10，蜂蜡1～5，鲸蜡1～5，凡士林5～10，二甲基硅油1～5，十八醇1～10，甘油10～20，人参提取物20～40，微晶蜡5～10，椰油酸单乙醇酰胺0.5～3，苯氧乙醇0.1～0.5，珠光粉0.1～0.5，香精0.1～0.5，青黛5～10。

所述珍珠粉的目数至少为1000目。

所述杏仁粉的目数至少为500目。

所述人参提取物的制备方法为：将人参红外干燥粉碎后，按1g粉末加3g水的比例，将粉末加入水中，加热回流2～5h进行提取，滤去不溶物，将所得提取液减压蒸馏至60℃时的相对密度为1.2～1.5时，即得。

产品应用 本品是一种人参眼影膏。

产品特性

(1) 本产品质地清爽，易于涂抹，上妆持久；具有很好的光泽，妆容效果良好；不含重金属等有害成分，对皮肤无刺激。人参具有非常好的美容护肤效果，珍珠粉和杏仁粉的配合可以具有美白、滋润皮肤的功能，可以在带妆的同时改善眼部皮肤。而且产品人惊奇地发现杏仁粉可以进一步延长妆容的保持时间，而且不怕雨水、泪水及汗水的浸湿。

(2) 本产品易铺展、肤感清爽，具有很好的妆容持久度，而且美白滋润效果优越。

配方 13 山药眼影膏

原料配比

原料	配比(质量份)				
	1#	2#	3#	4#	5#
高岭土	5	6	7	8	10
硅藻土	10	8	7	6	5
棕榈酸甘油酯	5	6	7	8	10
凡士林	10	8	7	6	5
微晶蜡	5	6	7	8	10
青黛	10	8	7	6	5
珍珠粉	1	2	3	4	5
山药粉	5	4	3	2	1
蜂蜡	1	2	3	4	5
鲸蜡	5	4	3	2	1
二甲基硅油	1	2	3	4	5
十八醇	5	4	7	2	1
甘油	10	12	15	18	20
人参提取物	20	25	30	35	40
连翘提取物	40	35	30	25	20
洋甘菊提取物	20	25	30	35	40
椰油酸单乙醇酰胺	0.5	0.8	1	2	3
苯氧乙醇	0.1	0.2	0.3	0.4	0.5
珠光粉	0.1	0.2	0.3	0.4	0.5
香精	0.1	0.2	0.3	0.4	0.5

制备方法

(1) 按配方量，将人参提取物、连翘提取物、洋甘菊提取物、甘油与苯氧乙醇混合均匀后加热至60～80℃；

(2) 保温下，依次将椰油酸单乙醇酰胺、棕榈酸甘油酯、蜂蜡、鲸蜡、凡士林、二甲基硅油、十八醇、微晶蜡加入步骤(1)制得的混合液中，搅拌使其均质化，制得黏稠状液体；

(3) 向步骤(2)制得的黏稠状液体中加入高岭土、硅藻土、珍珠粉、山药粉、珠光粉与青黛，保温下搅拌至完全混匀；

(4) 将步骤(3)制得的混合物冷却至45～55℃时加入香精，混合均匀继续冷却至室温，出料。

原料配伍 本品各组分质量份配比范围为：高岭土5～10，硅藻土5～10，珍珠粉1～5，山药粉1～5，棕榈酸甘油酯5～10，蜂蜡1～5，鲸蜡1～5，凡士林5～10，二甲基硅油1～5，十八醇1～10，甘油10～20，人参提取物20～40，连翘提取物20～40，洋甘菊提取物20～40，微晶蜡5～10，椰油酸单乙醇酰胺0.5～3，苯氧乙醇0.1～0.5，珠光粉0.1～0.5，香精0.1～0.5，青黛5～10。

所述珍珠粉的目数至少为1000目。

所述山药粉的目数至少为500目。

所述人参提取物的制备方法为：将人参红外干燥粉碎后，按1g粉末加3g水的比例，将粉末加入水中，加热回流2～5h进行提取，滤去不溶物，将所得提取液减压蒸馏至60℃时的相对密度为1.2～1.5时，即得。

所述连翘提取物的制备方法为：将连翘红外干燥粉碎后，按1g粉末加3g体积分数为50%的乙醇溶液的比例，将粉末加入体积分数为50%的乙醇溶液中，加热回流2～5h进行提取，滤去不溶物，将所得提取液减压蒸馏至60℃时的相对密度为1.2～1.5时，即得。

所述洋甘菊提取物的制备方法为：将洋甘菊红外干燥粉碎后，按1g粉末加3g体积分数为50%的乙醇溶液的比例，将粉末加入体积分数为50%的乙醇溶液中，超声提取20～40min，滤去不溶物，将所得提取液减压蒸馏至60℃时的相对密度为1.2～1.5时，即得。

产品应用 本品是一种山药眼影膏。

产品特性 本产品质地清爽，易于涂抹，上妆持久；具有很好的光泽，妆容效果良好；不含重金属等有害成分，对皮肤无刺激。人参和连翘具有非常好的美容护肤效果，珍珠粉和山药粉的配合可以具有美白、滋润皮肤的功能，可以在带妆的同时改善眼部皮肤；洋甘菊提取物能够舒缓眼影膏中的某些成分对眼部皮肤的刺激，即使长久带妆也不会有不舒适感产生。

配方 14　水润清爽眼影摩丝

原料配比

原料		配比(质量份)				
		1#	2#	3#	4#	5#
植物组合物	仙人草提取物	1.2	0.9	1.5	0.4	0.8
	人参果提取物	1.7	1.5	1.8	1.2	1.6
	萱藻提取物	0.75	0.6	1.1	0.4	0.8
成膜剂	丙烯酸(酯)类共聚物	6.4	4	5	5	6.25
	聚乙烯醇	4	4	5	5	3
	聚乙烯吡咯烷酮	4	2	5	5	3
	聚季铵盐-51	3	8.75	—	5	4
防腐剂	苯氧乙醇	0.01	0.01	—	0.01	0.01
	尼泊金酯	0.01	—	—	0.02	0.01
	羟苯甲酯	0.01	—	0.01	0.01	0.01
	羟苯丙酯	—	—	0.01	0.01	0.01
丁二醇		4	3	3.5	5	4.5
滑石粉		10	7.5	15	12.5	5
二氧化钛		1	0.5	0.75	1.25	1.5
云母		12.5	15	11.25	10	13.75
微晶蜡		7.5	5	6.25	8.75	10
白蜂蜡		6	8	7	4	5
环五聚二甲基硅氧烷		12.5	2	0.5	8.75	16.25
棕榈酸乙基己酯		15	12.5	17.5	15	20
去离子水		10.32	6.74	14.33	12.7	4.51

制备方法　将微晶蜡，白蜂蜡，环五聚二甲基硅氧烷，棕榈酸乙基己酯，去离子水混合加热至70～85℃，混合均匀后加入滑石粉，二氧化钛，云母并搅拌均匀；冷却至45～55℃时，将植物组合物，丁二醇，成膜剂，防腐剂加入上述混合物中，搅拌均匀出料。

原料配伍　本品各组分质量份配比范围为：植物组合物 2～4.4，成膜剂 15～20，防腐剂 0.01～0.05。

所述植物组合物质量份比为（1～3）：（2～5）：（1～2）的仙人草提取物，人参果提取物，萱藻提取物，仙人草提取物质量份为 0.4～1.5 份，人参果提取物质量份为 1.2～1.8 份，萱藻提取物质量份为 0.4～1.1 份。

所述植物组合物的制备方法为：取仙人草、人参果、萱藻混合洗净、烘干后，按 1：10 的料液比浸入 75%～85%乙醇溶液中，浸泡 30～90min；取上述混合液置于水浴中加热回流提取 1.5～3h，过滤，收集滤液，滤渣用 8～10 倍量 75%～85%乙醇重复提取一次，合并两次滤液；取上述滤液，减压浓缩至无醇味，浓缩液通过 AB-8 大孔树脂柱进行吸附，先用蒸馏水洗脱，再用 55%～65%乙醇洗脱，收集乙醇洗脱液，减压浓缩后得到所述植物组合物。

所述成膜剂为丙烯酸（酯）类共聚物，聚乙烯醇，聚乙烯吡咯烷酮，聚季铵盐-51 中的至少一种。

所述防腐剂为苯氧乙醇、尼泊金酯、羟苯甲酯、羟苯丙酯中的至少一种。

所述眼影摩丝还包括丁二醇 3～5 份，滑石粉 5～15 份，二氧化钛 0.5～1.5 份，云母 10～15 份，微晶蜡 5～10 份，白蜂蜡 4～8 份，环五聚二甲基硅氧烷 0.5～20 份，棕榈酸乙基己酯 10～20 份。

产品应用 本品是一种水嫩、清爽、上妆持久的眼影摩丝。

产品特性

（1）本品具有高比例的水分，令肌肤水润清爽，使用更加舒适。

（2）本产品中添加了人参果提取物、萱藻提取物和仙人草提取物，按照特定比例进行搭配，人参果提取物能增加皮肤自身的水合作用，唤醒皮肤自身能量，加强肌肤的自我修复能力，对皮肤角质层具有优异、持续的保湿效果；萱藻提取物具有很强的自由基清除活性，对羟基自由基、烷基的清除率很高，有延缓衰老作用；仙人草提取物富含的黄酮类物质、熊果酸、多糖等，具备调节和增强生理机能的作用；三者通过合理配比，达到协同增效的作用，改善长时间化妆品使用对眼部周围皮肤产生的影响，改善眼部皮肤干燥，改善眼部皮肤的衰老导致出现的鱼尾纹。

（3）涂抹和晕染容易，在皮肤上的附着性好，上妆持久，不易晕妆。

（4）本产品成分温和，安全，对敏感肌肤适用。

配方 15 水性眼影

原料配比

原料	配比(质量份)		
	1#	2#	3#
去离子水	20.00	20.00	20.00
甘油	5.90	7.00	7.50
甲基葡萄糖苷硬脂酸酯	1.50	1.80	2.00
聚氧乙烯(20)甲基葡萄糖苷硬脂酸酯	1.00	1.80	2.00
聚异丁烯	3.00	3.50	4.0
聚乙二醇	4.00	4.50	5.00
聚乙烯吡咯烷酮	0.20	0.50	1.00
云母粉	40.0	39.0	37.5
调色剂(CI 77491)	10.00	8.50	10.0
调色剂(CI 77492)	14.0	13.00	11.0
苯氧乙醇	0.40	0.40	0.40

制备方法

(1) 将去离子水和聚乙烯吡咯烷酮混合均匀，制成溶液A；

(2) 在溶液A中加入甘油、甲基葡萄糖苷硬脂酸酯、聚氧乙烯(20)甲基葡萄糖苷硬脂酸酯、聚异丁烯和聚乙二醇，搅拌，升温至85～95℃，保温10～15min，搅拌溶解完全后，加入云母粉、调色剂和苯氧乙醇，搅拌均匀，制得混合物B；

(3) 将混合物B研磨至粒径不超过50μm，装入模具，并压制成型。可以将混合物B置于三辊研磨机中研磨，直至粒径符合要求。

原料配伍 本品各组分质量份配比范围为：离子水10.0～20.0，甘油4.0～7.5，甲基葡萄糖苷硬脂酸酯1.0～2.0，聚氧乙烯(20)甲基葡萄糖苷硬脂酸酯1.0～2.0，聚异丁烯3.0～4.0，聚乙二醇3.0～5.0，云母粉15.0～40.0，聚乙烯吡咯烷酮0.2～1.0，调色剂6.5～25.0，防腐剂0.2～1.0。

所述调色剂为CI 77491和CI 77492，其中，CI 77491占水性眼影质量分数的5%～10%，CI 77492占水性眼影质量分数的1.5%～15.0%。也可选用其他调色剂、如：CI 77891、CI 77499、CI 19140、CI 16035、CI 42090、CI 77510、CI 77742、CI 77007、CI 77288、CI 77289等。通过添加不同的调色剂生产出来的眼影，外观可为白色、象牙白色、肤色、深肤色、珠光、哑光等。

所述苯氧乙醇为防腐剂。

水性眼影配方还可以包括按照法规允许在面部使用的活性剂、芳香剂等。

产品应用 本品是一种水性眼影。

使用方法：使用时，用水做溶剂，形成水稀膏体，用刷子蘸取适量水稀膏体，轻轻涂抹于化妆部位，涂抹均匀，由于水性较油性清爽、不油腻，同时卸妆方便，至此水性眼影的优点就显现出来。同时，利用成膜剂(聚乙烯吡咯烷酮)成膜的特点，在上妆完成待10min、水分挥发干后，在上妆部位表面形成一层防水膜，从而达到一定的防水效果。

产品特性

(1) 本产品为水性眼影，利用乳化剂[甲基葡萄糖苷硬脂酸酯、聚氧乙烯(20)甲基葡萄糖苷硬脂酸酯]的亲水、亲油结构，把油脂(聚异丁烯)、色粉(云母粉、调色剂)、保湿剂(甘油和聚乙二醇)等有机结合起来，使色粉变成亲水性，从而达到水性的目的。在水性的条件下，使眼影中的色粉上妆方便、易于涂抹、肤感好，水分挥发后，保湿效果、防水效果依然强效，而且卸妆容易。

(2) 本产品配方中不含油蜡(如白油、蜂蜡)，只含适量油脂，且油脂含量低于4%，将水性眼影均匀涂于眼部四周后，随着水分的挥发在面部形成一层清爽、亮丽、立体感强的妆容。

配方16 温和眼影膏

原料配比

原料		配比(质量份)				
		1#	2#	3#	4#	5#
微晶蜡		17	25	15	23	20
凡士林		10	11	6	8	12
角鲨烷		6	3	5	4	5
蜂蜡		4	8	6	4	5
白油		20	14	12	13	15
二氧化钛		5	2	4	6	3
铝硅酸镁		20	17	15	16	19
单硬脂酸甘油酯		5	6	4	3	4
硅蜡		2	3	4	5	2
滑石粉		20	30	40	22	23
珍珠粉		9	15	11	5	7
甘油		4	5	7	6	8
氢化羊毛脂		6	7	3	4	5
植物组合物		2	0.7	0.01	1	0.5
香精		0.03	0.02	0.02	0.04	0.04
着色剂		0.8	—	0.5	0.01	1
防腐剂	苯氧乙醇	—	—	—	0.02	—
	尼泊金酯	0.02	0.03	—	0.03	0.05
	羟苯甲酯	0.02	—	0.04	0.03	—
	羟苯丙酯	0.02	—	0.01	0.02	—
去离子水		加至100	加至100	加至100	加至100	加至100
植物组合物	地衣提取物	3	1	1	3	1
	芦荟提取物	1	5	5	1	1
	人参果提取物	2	3	2	3	1

制备方法 将微晶蜡，凡士林，角鲨烷，蜂蜡，白油，二氧化钛，铝硅酸镁，单硬脂酸甘油酯，硅蜡混合加热至80～100℃，混合均匀后加入滑石粉搅拌均匀；将上述组合物冷却至50～60℃时加入植物组合物，着色剂，香精，防腐剂；冷却成膏体后在表面撒一层珠光粉，出料。

原料配伍 本品各组分质量份配比范围为：植物组合物0.01～2，防腐剂0.03～0.1，微晶蜡15～25，凡士林6～12，角鲨烷3～6，蜂蜡4～8，白油12～20，二氧化钛2～6，铝硅酸镁15～20，单硬脂酸甘油酯3～6，硅蜡2～5，滑石粉1～40，珍珠粉5～15，甘油4～8，氢化羊毛脂3～7，香精0.02～0.04，着色剂0.01～1。

所述植物组合物质量份比为（1～3）：（1～5）：（2～3）的地衣提取物、芦荟提取物和人参果提取物。

所述防腐剂为苯氧乙醇、尼泊金酯、羟苯甲酯、羟苯丙酯中的至少一种。

所述地衣提取物的制备方法为：取地衣鲜草，淡水冲净后40～60℃烘干，用粉碎机磨成粉状，过0.5mm筛网，2～4℃密封保存；称取1g上述地衣粉末，加入100μL碱性蛋白酶和100mL碳酸钠-碳酸氢钠溶液，在40～60℃下浸提12～14h；将浸提液放入离心机中离心20～30min（转速5000～7000r/min），取上清液，减压浓缩，冷冻干燥；-20℃储藏备用。

所述芦荟提取物的制备方法为：称取芦荟鲜草，按1∶10的料液比，将所述芦荟鲜草浸入60%～75%乙醇浸泡30～60min；将上述混合液置于水浴中加热回流提取2～3h，过滤，收集滤液，滤渣用8倍量65%～85%乙醇重复提取一次，合并两次滤液；将上述滤液减压浓缩至无醇味，浓缩液通过AB-8大孔树脂柱进行吸附，先用蒸馏水洗脱，再用65%～75%乙醇洗脱，收集60%乙醇洗脱液，减压浓缩后得到芦荟提取物。

所述人参果提取物的制备方法为：取人参果粉碎，加4～6倍量去离子水煎煮30～60min，重复2～3次，合并煎液，过滤，常压浓缩至糊状；取糊状物加4～6倍量75%～90%乙醇搅拌均匀，滴加1%氢氧化钠溶液调节pH值至8，密闭静置过夜；取上述料液减压抽滤，滤液回收乙醇至无醇味，0～4℃冷藏24h；滤液常压浓缩，得人参果提取物。

产品应用 本品是一种温和、清爽、上妆持久的眼影膏。

产品特性

（1）本产品是由地衣提取物、芦荟提取物和人参果提取物及基料混合组成的清爽配方，不油腻，产品具有良好的肤感；

（2）本产品具有舒爽柔滑的质地，使得其涂抹和晕染容易，在皮肤上的附着性好，上妆持久，不易晕妆；

（3）本产品成分温和，安全，对敏感肌肤适用，另外有营养护肤之效。

配方17 杏仁眼影膏

原料配比

原料	配比(质量份)				
	1#	2#	3#	4#	5#
高岭土	5	6	7	8	10
硅藻土	10	8	7	6	5
棕榈酸甘油酯	5	6	7	8	10
凡士林	10	8	7	6	5
微晶蜡	5	6	7	8	10
青黛	10	8	7	6	5
珍珠粉	1	2	3	4	5
杏仁粉	5	4	3	2	1
蜂蜡	1	2	3	4	5
鲸蜡	5	4	3	2	1
二甲基硅油	1	2	3	4	5
十八醇	5	4	3	2	1
甘油	10	12	15	18	20

续表

原料	配比(质量份)				
	1#	2#	3#	4#	5#
椰油酸单乙醇酰胺	0.5	0.8	1	2	3
苯氧乙醇	0.1	0.2	0.3	0.4	0.5
珠光粉	0.1	0.2	0.3	0.4	0.5
香精	0.1	0.2	0.3	0.4	0.5

制备方法

(1) 按配方量，将甘油与苯氧乙醇混合均匀后加热至60～80℃；

(2) 保温下，依次将椰油酸单乙醇酰胺、棕榈酸甘油酯、蜂蜡、鲸蜡、凡士林、二甲基硅油、十八醇、微晶蜡加入步骤 (1) 制得的混合液中，搅拌使其均质化，制得黏稠状液体；

(3) 向步骤 (2) 制得的黏稠状液体中加入高岭土、硅藻土、珍珠粉、杏仁粉、珠光粉与青黛，保温下搅拌至完全混匀；

(4) 将步骤 (3) 制得的混合物冷却至45～55℃时加入香精，混合均匀继续冷却至室温，出料。

原料配伍 本品各组分质量份配比范围为：高岭土5～10，硅藻土5～10，珍珠粉1～5，杏仁粉1～5，棕榈酸甘油酯5～10，蜂蜡1～5，鲸蜡1～5，凡士林5～10，二甲基硅油1～5，十八醇1～10，甘油10～20，微晶蜡5～10，椰油酸单乙醇酰胺0.5～3，苯氧乙醇0.1～0.5，珠光粉0.1～0.5，香精0.1～0.5，青黛5～10。

所述珍珠粉的目数至少为1000目。

所述杏仁粉的目数至少为500目。

产品应用 本品是一种杏仁眼影膏。

产品特性 本产品质地清爽，易于涂抹，上妆持久；具有很好的光泽，妆容效果良好；不含重金属等有害成分，对皮肤无刺激。所含有的珍珠粉和杏仁粉的配合可以具有美白、滋润皮肤的功能，杏仁粉可以进一步延长妆容的保持时间，而且不怕雨水、泪水及汗水的浸湿。

配方18 珠光眼影

原料配比

原料		配比(质量份)				
		1#	2#	3#	4#	5#
无机填料	滑石粉	20	—	—	—	—
	云母粉	—	45	20	20	18
珠光	珠光	12.64	1.27	20	20	17

续表

原料		配比(质量份)				
		1#	2#	3#	4#	5#
颜料	颜料	—	8	5	5	5
增稠剂	硅酸铝镁	0.06	0.06	—	—	1
	皱波角叉菜	—	0.02	—	0.1	—
	羧甲基纤维素钠	—	—	0.01	—	—
	黄原胶	—	—	0.06	0.06	—
油脂	辛基十二醇硬脂酰氧基硬脂酸酯	0.8	0.3	1	1	1
	角鲨烷	0.8	2.1	—	—	3
	碳酸丙二醇酯	0.8	—	—	—	—
	新戊酸异癸酯	—	—	2	2	1
乳化剂	Tween-80	1.5	0.5	—	—	1
	Span-60	—	—	1	1	—
保湿剂	甘油	1.3	0.7	—	—	—
	辛甘醇	—	—	0.8	0.65	0.55
防腐剂	氯苯甘醚	0.5	0.05	—	—	—
	苯氧乙醇	—	—	0.25	0.31	0.1
辅助添加剂	氮化硼	0.5	2	—	—	0.3
	HDI/三羟甲基己基内酯交联聚合物	0.5	—	—	—	—
	硅石	0.5	—	—	0.4	—
	磷酸氢钙	0.1	—	—	—	—
	尼龙	—	—	0.4	—	—
	氯化钾	—	—	0.1	0.1	0.2

制备方法

(1) 将无机填料、颜料及辅助添加剂用打粉机粉碎成均匀粉体;

(2) 将步骤(1)所得的料体转移至高速混合机中,同时加入珠光,混合均匀;

(3) 将增稠剂、油脂、乳化剂、保湿剂、防腐剂用均质机在5000~12000r/min下均质4~8min,均匀分散于去离子水中;

(4) 将步骤(3)所得的料体加热至40~90℃,加入步骤(2)所得的料体,混合均匀并加热至40~90℃;

(5) 将步骤(4)所得的料体灌入模具后,冷却干燥,所得眼影含水量≤2%时脱模。

原料配伍 本品各组分质量份配比范围为:无机填料10~45,珠光0~

45，颜料 0～25，增稠剂 0.06～1，油脂 1.5～5，乳化剂 0.5～1.5，保湿剂 0.5～1.3，防腐剂 0.05～0.5，辅助添加剂 0.5～3。

所述的辅助添加剂采用硅石、氮化硼、尼龙、HDI/三羟甲基己基内酯交联聚合物、磷酸氢钙、氯化钾或它们任意组合的混合物。

所述的无机填料采用滑石粉、云母粉、绢云母粉、高岭土或它们任意组合混合物。

所述增稠剂采用羧甲基纤维素钠、黄原胶、皱波角叉菜、硅酸铝镁或它们任意组合的混合物。

所述油脂采用鲸蜡硬脂醇乙基己酸酯、角鲨烷、辛基十二醇硬脂酰氧基硬脂酸酯、碳酸丙二醇酯、新戊酸异癸酯或它们任意组合的混合物。

所述乳化剂采用 Tween-80、Span-60 或它们任意组合的混合物。

所述保湿剂采用甘油、辛甘醇或它们任意组合的混合物。

所述防腐剂采用乙基己基甘油、苯氧乙醇、氯苯甘醚或它们任意组合的混合物。

产品应用 本品是一种眼影。

产品特性 本产品无需复杂的制备设备或过程，加热倒入有浮雕的模具后自然干燥冷却，冷却时在眼影料体及模具之间会形成一层水膜，脱模简便，即无需在模具与料体间放置隔离布和专门压制便可得到立体的浮雕，且浮雕表面光滑细致。

配方 19 滋养眼影

原料配比

原料	配比(质量份)		
	1#	2#	3#
珍珠粉	10	5	8
二氧化钛	6	5	8
高岭土	25	30	20
茶多酚	0.8	0.5	0.8
群青	10	12	11
蜂蜡	10	8	5
维生素	8	5	2
植物提取液	15	10	12
凡士林	15	10	12
滑石粉	8	5	10
无机颜料	3	5	4
单硬脂酸甘油酯	10	8	5

制备方法 将各组分原料混合均匀即可。

原料配伍 本品各组分质量份配比范围为：珍珠粉 5～10，二氧化钛 5～

10，高岭土 20～30，茶多酚 0.5～1，群青 10～12，蜂蜡 5～10，维生素 2～10，植物提取液 10～15，凡士林 10～25，滑石粉 5～10，无机颜料 3～5，单硬脂酸甘油酯 5～10。

所述的维生素为维生素 C、维生素 E、β-胡萝卜素。

所述的植物提取液为芦荟提取液、苹果提取液、蓝莓提取液、葡萄籽提取液。

所述的无机颜料为钛白、铬黄、铁蓝、镉红、镉黄、立德粉、炭黑、氧化铁红、氧化铁黄中的一种或者几种。

产品应用 本品是一种上妆快、质地轻薄、不易脱色、颜色鲜艳、对皮肤有滋养效果的眼影。

产品特性 本产品因为以粉状为主，上色较快、质地轻薄、立体感强，但是同时含有部分油脂类，使颜色能够较长时间保留，不会脱色，而且采用抗氧化的维生素和多种植物提取液，不仅可以滋润眼部皮肤，还可以防氧化，防衰老，且易于卸妆。

配方 20 眼影膏

原料配比

原料	配比(质量份)						
	1#	2#	3#	4#	5#	6#	7#
柠檬提取物	20	25	30	24.5	25	25	25
磷酸三钙	15	17	19	17	16.5	17	17
山梨醇	8	10	12	10	10	10.5	10
柠檬酸	2	3.5	5	3.5	3.5	3.5	3.5
色素	0.4	0.7	1	0.7	0.7	0.7	0.7
胶原水解物	0.3	0.55	0.8	0.55	0.55	0.55	0.65
苯甲酸钠	0.05	0.065	0.08	0.065	0.065	0.065	0.065
香精	0.01	0.03	0.05	0.03	0.03	0.03	0.03

制备方法 将柠檬提取物 20%～30%、磷酸三钙 15%～19%、山梨醇 8%～12%和柠檬酸 2%～5%加蒸馏水混合，搅拌均匀后静置 10min，然后缓缓加入色素 0.4%～1.0%、胶原水解物 0.3%～0.8%和苯甲酸钠 0.05%～0.08%，搅拌均匀后加热至 65℃，静置 10min 后冷却至 25℃，加入香精 0.01%～0.05%，搅拌均匀。

原料配伍 本品各组分质量份配比范围为：柠檬提取物 20～30，磷酸三钙 15～19，山梨醇 8～12，柠檬酸 2～5，色素 0.4～1.0，胶原水解物 0.3～0.8，苯甲酸钠 0.05～0.08，香精 0.01～0.05。

产品应用 本品是一种眼影膏。

产品特性 本产品具有不伤眼睛、成本低廉等特点。

配方 21　眼影霜

原料配比

原料		配比(质量份)		
		1#	2#	3#
A 组分	去离子水	55	60	65
	铝硅酸镁	4	5	6
	CMC-Na	0.5	0.8	1
	白油	5	8	10
	甘油	3	5	7
B 组分	凡士林	8	9	7
	羊毛脂	6	7	8
	丙二醇	1	1.5	2
	蜂蜡	5	6	7
C 组分	钛白粉	10	12	15
	云母粉	4	5	6
D 组分	香精	0.5	0.8	1

制备方法

(1) 将 A 组分混合搅拌加热至 70～80℃，使之溶解均匀；

(2) 将 B 组分混合搅拌加热至 70～80℃，使之溶解均匀；

(3) 在搅拌下将 B 组分加入 A 组分中，混合均匀后加入 C 组分，混合均匀；

(4) 将上述混合组分冷却至 40～45℃时加入 D 组分，搅拌均匀；

(5) 将上述组分静止室温后分装即得产品。

原料配伍　本品各组分质量份配比范围为：

A 组分：去离子水 55～65，铝硅酸镁 4～6，CMC-Na 0.5～1，白油 5～10，甘油 3～7。

B 组分：凡士林 8～10，羊毛脂 6～8，丙二醇 1～2，蜂蜡 5～7。

C 组分：钛白粉 10～15，云母粉 4～6。

D 组分：香精 0.5～1。

产品应用　本品主要用作化妆的眼影霜，还对皮肤有滋润及营养的作用。

产品特性

(1) 本产品用于眼皮化妆，可以增加立体感。

(2) 本产品使用方便，效果良好，价格优廉。

(3) 本产品不含重金属及其他有害成分，对皮肤无刺激。

（4）本产品除了可用于进行化妆外，还对皮肤有滋润及营养的作用。

配方 22　眼影眼线粉块

原料配比

原料	配比(质量份)		
	1#	2#	3#
赖氨酸	1	3	5
氧化铁黑	50	60	45
硅处理绢云母(粉状)	8	2	5
超细珍珠粉(2000 目)	5	10	15
二氧化硅	3	5	1
滑石粉	20	10	20
硅处理云母	15	10	15
氯氧化铋	0.5	5	0.2
氧化铁红	1.5	0.5	1.5
棕榈酸异辛酯	4	2	4
道康宁 1403 硅油	1	5	1
二甲基硅油	2.5	1	2.5
维生素 E	1	0.5	1
尼泊金丁酯	0.1	0.5	0.1
甲氧基肉桂酸辛酯	2.5	0.1	2.5
二氧化钛	15	9	15
聚乙烯吡咯烷酮/三十碳烯共聚物	0.5	3	0.5

制备方法

（1）将上述比例滑石粉、氧化铁红和氧化铁黑经过超微粉碎后形成色粉。

（2）按上述比例将步骤（1）中超微粉碎后的色粉与剩余粉体原料，包括：赖氨酸、硅处理绢云母、超细珍珠粉（2000 目）、二氧化硅、硅处理云母、氯氧化铋、二氧化钛和尼泊金丁酯投入粉料混合罐进行粉碎研磨，转速 2000～3000r/min、每次研磨混料时间 3～5min、充分混料 3～5 次。

（3）按上述比例将油状原料，包括：棕榈酸异辛酯、道康宁 1403 硅油、二甲基硅油、甲氧基肉桂酸辛酯、维生素 E 和聚乙烯吡咯烷酮/三十碳烯共聚物进行预混合，在粉料混合罐搅拌的同时通过喷油嘴进行喷油，转速 2000～3000r/min、每次混料时间 3～5min、充分混料 2～5 次。

（4）将步骤（3）中混合好的粉料进行过筛，40～80 目，压制粉饼即成。

原料配伍　本品各组分质量份配比范围为：赖氨酸 1～5，氧化铁黑 45～60，硅处理绢云母 2～8，超细珍珠粉（2000 目）5～15，二氧化硅 1～5，滑石粉 10～30，硅处理云母粉 5～15，氯氧化铋 0.5～5，氧化铁红 0.5～3，棕榈酸异辛酯 0.5～4，道康宁 1403 硅油 1～5，二甲基硅油 1～4，维生素 E 0.1～1，尼泊金丁酯 0.1～0.5，甲氧基肉桂酸辛酯 0.2～1，二氧化钛 3～15，聚乙烯吡咯烷酮/三十碳烯共聚物0.5～3。

产品应用 本品是一种眼影眼线粉块。

产品特性 本产品使用了超细珍珠粉（2000目）与赖氨酸的组合配方，在具有美容养颜的护肤功效的同时，产品兼具了抑制紫外线对皮肤的侵害与防晒的功效。其组成成分中无任何化学有害物质，不会产生任何不良反应。超细珍珠粉（2000目）、赖氨酸与聚乙烯吡咯烷酮/三十碳烯共聚物组成的复配组合既可增加眼部营养，在使用后肤感细滑，又可兼具防水作用，使一种产品达到双重功效，在实际应用时使用方便、易于上妆，可使眼部妆容不晕染，使粉面效果更加服帖。

配方23 含洋甘菊眼影膏

原料配比

原料	配比(质量份)				
	1#	2#	3#	4#	5#
高岭土	5	6	7	8	10
硅藻土	10	8	7	6	5
棕榈酸甘油酯	5	6	7	8	10
凡士林	10	8	7	6	5
微晶蜡	5	6	7	8	10
青黛	10	8	7	6	5
珍珠粉	1	2	3	4	5
杏仁粉	5	4	3	2	1
蜂蜡	1	2	3	4	5
鲸蜡	5	4	3	2	1
二甲基硅油	1	2	3	4	5
十八醇	5	4	7	2	1
甘油	10	12	15	18	20
人参提取物	20	25	30	35	40
连翘提取物	40	35	30	25	20
洋甘菊提取物	20	25	30	35	40
椰油酸单乙醇酰胺	0.5	0.8	1	2	3
苯氧乙醇	0.1	0.2	0.3	0.4	0.5
珠光粉	0.1	0.2	0.3	0.4	0.5
香精	0.1	0.2	0.3	0.4	0.5

制备方法

（1）按配方量，将人参提取物、连翘提取物、洋甘菊提取物、甘油与苯氧乙醇混合均匀后加热至60～80℃；

（2）保温下，依次将椰油酸单乙醇酰胺、棕榈酸甘油酯、蜂蜡、鲸蜡、凡士林、二甲基硅油、十八醇、微晶蜡加入步骤（1）制得的混合液中，搅拌使其均质化，制得黏稠状液体；

（3）向步骤（2）制得的黏稠状液体中加入高岭土、硅藻土、珍珠粉、杏仁粉、珠光粉与青黛，保温下搅拌至完全混匀；

（4）将步骤（3）制得的混合物冷却至45～55℃时加入香精，混合均匀继续冷却至室温，出料。

原料配伍 本品各组分质量份配比范围为：高岭土5～10，硅藻土5～10，珍珠粉1～5，杏仁粉1～5，棕榈酸甘油酯1～10，蜂蜡1～5，鲸蜡1～5，凡士林5～10，二甲基硅油1～5，十八醇1～10，甘油10～20，人参提取物20～40，连翘提取物20～40，洋甘菊提取物20～40，微晶蜡5～10，椰油酸单乙醇酰胺0.5～3，苯氧乙醇0.1～0.5，珠光粉0.1～0.5，香精0.1～0.5，青黛5～10。

所述珍珠粉的目数至少为1000目。

所述杏仁粉的目数至少为500目。

所述人参提取物的制备方法为：将人参红外干燥粉碎后，按1g粉末加3g水的比例，将粉末加入水中，加热回流2～5h进行提取，滤去不溶物，将所得提取液减压蒸馏至60℃时的相对密度为1.2～1.5h，即得。

所述连翘提取物的制备方法为：将连翘红外干燥粉碎后，按1g粉末加3g体积分数为50%的乙醇溶液的比例，将粉末加入体积分数为50%的乙醇溶液中，加热回流2～5h进行提取，滤去不溶物，将所得提取液减压蒸馏至60℃时的相对密度为1.2～1.5时，即得。

所述洋甘菊提取物的制备方法为：将洋甘菊红外干燥粉碎后，按1g粉末加3g体积分数为50%的乙醇溶液的比例，将粉末加入体积分数为50%的乙醇溶液中，超声提取20～40min，滤去不溶物，将所得提取液减压蒸馏至60℃时的相对密度为1.2～1.5时，即得。

产品应用 本品是一种洋甘菊眼影膏。

产品特性 本品质地清爽，易于涂抹，上妆持久；具有很好的光泽，妆容效果良好；不含重金属等有害成分，对皮肤无刺激。人参和连翘具有非常好的美容护肤效果，珍珠粉和杏仁粉的配合可以具有美白、滋润皮肤的功能，可以在带妆的同时改善眼部皮肤；洋甘菊提取物能够舒缓眼影膏中的某些成分对眼部皮肤的刺激，即使长久带妆也不会有不舒适感产生。

配方 24　易清洗的紫色眼影膏

原料配比

原料	配比(质量份)		
	1#	2#	3#
去离子水	60	62	65
铝硅酸镁	15	18	20
白油	12	16	20
甘油	4	6	8
角鲨烷	13	15	18
凡士林	6	8	12
羊毛脂	3	5	7
单硬脂酸甘油酯	3	5	6
蜂蜡	4	6	8
二氧化钛	5	7	8
芋头淀粉	15	20	23
紫薯色素	18	20	25
香精	2	3	4

制备方法

(1) 取以下原料：去离子水 60～65 份，铝硅酸镁 15～20 份，白油 12～20 份，甘油 4～8 份，角鲨烷 13～18 份，将上述原料混合搅拌后加热至 70～80℃，使之溶解均匀，得到水相混合物。

(2) 取以下原料：凡士林 6～12 份，羊毛脂 3～7 份，单硬脂酸甘油酯 3～6 份，蜂蜡 4～8 份，将上述原料混合搅拌加热至 70～80℃，使之溶解均匀，得到油相混合物。

(3) 在搅拌下将油相混合物加入水相混合物中，混合均匀后加入以下原料：二氧化钛 5～8 份，芋头淀粉 15～23 份，紫薯色素 18～25 份，混合均匀，得到两相混合物。

(4) 将两相混合物冷却至 40～45℃时加入香精 2～4 份，搅拌均匀后静置冷却到室温，得到易清洗的紫色眼影膏。

原料配伍　本品各组分质量份配比范围为：去离子水 60～65，铝硅酸镁 15～20，白油 12～20，甘油 4～8，角鲨烷 13～18，凡士林 6～12，羊毛脂 3～7，单硬脂酸甘油酯 3～6，蜂蜡 4～8，二氧化钛 5～8，芋头淀粉 15～23，紫薯色素 18～25，香精 2～4。

所述紫薯色素由以下方法制备而成：将紫薯粉碎后，加入到质量分数为 50%的乙醇水溶液中混合后，得到混合液，其中紫薯的质量与质量分数为 50%的乙醇水溶液的体积之比为 1∶(10～15)；将上述混合液在功率 150W、频率 40kHz 的超声条件下，并控制温度为 25℃、时间为 15～30min 进行超声提取，然后用 0.45μm 微孔滤膜过滤，将过滤后所得到的滤液在真空度为 0.094～0.096MPa 的条件下进行真空旋转蒸发，得到浓缩液；将浓缩液在温度为－55℃的条件下进行冷冻干燥，得到紫薯色素。

所述芋头淀粉可以采用传统方法提取，也可以采用以下方法提取：将芋头洗净、去尾、切碎，加温度为 4℃的去离子水在磨浆机中打浆，将浆液依次通过样筛筛分，去除纤维；滤液静置沉降 6h，轻轻吸去上清液，沉淀物用 0.2% 的 NaOH 脱除蛋白，酸中和至中性，离心，弃上清液，将表面非白色的杂质层轻轻刮去，然后去离子水反复洗涤，直至杂质除尽；40℃干燥 48h，粉碎、过筛，制得芋头淀粉。

产品应用 本品是一种易清洗的紫色眼影膏。

产品特性 本产品用芋头淀粉取代部分二氧化钛，降低了二氧化钛的用量，用紫薯色素取代人工色素，减少了化学品用量，有利于消费者的皮肤健康；芋头淀粉与紫薯色素黏合度好，能使紫薯色素在眼部黏合时间达到 48h 以上，当使用者卸妆时，通过清水即可轻易将眼影膏从眼部洗净。

配方 25 含薏仁眼影膏

原料配比

原料	配比(质量份)				
	1#	2#	3#	4#	5#
高岭土	5	6	7	8	10
硅藻土	10	8	7	6	5
棕榈酸甘油酯	5	6	7	8	10
凡士林	10	8	7	6	5
微晶蜡	5	6	7	8	10
青黛	10	8	7	6	5
珍珠粉	1	2	3	4	5
薏仁粉	5	4	3	2	1
蜂蜡	1	2	3	4	5
鲸蜡	5	4	3	2	1
二甲基硅油	1	2	3	4	5
十八醇	5	4	7	2	1
甘油	10	12	15	18	20
人参提取物	20	25	30	35	40
连翘提取物	40	35	30	25	20
洋甘菊提取物	20	25	30	35	40
椰油酸单乙醇酰胺	0.5	0.8	1	2	3
苯氧乙醇	0.1	0.2	0.3	0.4	0.5
珠光粉	0.1	0.2	0.3	0.4	0.5
香精	0.1	0.2	0.3	0.4	0.5

制备方法

（1）按配方量，将人参提取物、连翘提取物、洋甘菊提取物、甘油与苯氧乙醇混合均匀后加热至60～80℃；

（2）保温下，依次将椰油酸单乙醇酰胺、棕榈酸甘油酯、蜂蜡、鲸蜡、凡士林、二甲基硅油、十八醇、微晶蜡加入步骤（1）制得的混合液中，搅拌使其均质化，制得黏稠状液体；

（3）向步骤（2）制得的黏稠状液体中加入高岭土、硅藻土、珍珠粉、薏仁粉、珠光粉与青黛，保温下搅拌至完全混匀；

（4）将步骤（3）制得的混合物冷却至45～55℃时加入香精，混合均匀继续冷却至室温，出料。

原料配伍 本品各组分质量份配比范围为：高岭土5～10，硅藻土5～10，珍珠粉1～5，薏仁粉1～5，棕榈酸甘油酯5～10，蜂蜡1～5，鲸蜡1～5，凡士林5～10，二甲基硅油1～5，十八醇1～10，甘油10～20，人参提取物20～40，连翘提取物20～40，洋甘菊提取物20～40，微晶蜡5～10，椰油酸单乙醇酰胺0.5～3，苯氧乙醇0.1～0.5，珠光粉0.1～0.5，香精0.1～0.5，青黛5～10。

所述珍珠粉的目数至少为1000目。

所述薏仁粉的目数至少为500目。

所述人参提取物的制备方法为：将人参红外干燥粉碎后，按1g粉末加3g水的比例，将粉末加入水中，加热回流2～5h进行提取，滤去不溶物，将所得提取液减压蒸馏至60℃时的相对密度为1.2～1.5时，即得。

所述连翘提取物的制备方法为：将连翘红外干燥粉碎后，按1g粉末加3g体积分数为50%的乙醇溶液的比例，将粉末加入体积分数为50%的乙醇溶液中，加热回流2～5h进行提取，滤去不溶物，将所得提取液减压蒸馏至60℃时的相对密度为1.2～1.5时，即得。

所述洋甘菊提取物的制备方法为：将洋甘菊红外干燥粉碎后，按1g粉末加3g体积分数为50%的乙醇溶液的比例，将粉末加入体积分数为50%的乙醇溶液中，超声提取20～40min，滤去不溶物，将所得提取液减压蒸馏至60℃时的相对密度为1.2～1.5时，即得。

产品应用 本品是一种含薏仁眼影膏。

产品特性 本产品质地清爽，易于涂抹，上妆持久；具有很好的光泽，妆容效果良好；不含重金属等有害成分，对皮肤无刺激。人参和连翘具有非常好的美容护肤效果，珍珠粉和薏仁粉的配合可以具有美白、滋润皮肤的功能，可以在带妆的同时改善眼部皮肤；洋甘菊提取物能够舒缓眼影膏中的某些成分对眼部皮肤的刺激，即使长久带妆也不会有不舒适感产生。

配方 26 营养型眼影膏

原料配比

原料		配比(质量份)		
		1#	2#	3#
A组分	去离子水	50	55	60
	丙二醇	2	5	8
	三乙醇胺	1	0.5	2
	氢氧化钠	0.1	0.2	0.3
	胶性硅酸镁铝	1.5	1.8	2
	对羟基苯甲酸甲酯	0.2	0.1	0.3
B组分	羊毛脂	3	4	5
	十四酸异丙酯	1	2	3
	白油	3	6	8
	橄榄油	1	2	2
	硬脂酸	4	5	6
	蜂蜡	6	8	10
C组分	滑石粉	15	18	20
	高岭土	2	3	4
	二氧化钛	4	5	6
	氧化镁	3	4	5
	珠白云母粉	3	5	7
D组分	香精	0.5	0.8	1

制备方法

(1) 将A组分混合搅拌加热至70～80℃，使之溶解均匀；

(2) 将B组分混合搅拌加热至70～80℃，使之溶解均匀；

(3) 在搅拌下将B组分加入A组分中，混合均匀后加入C组分，混合均匀；

(4) 将上述混合组分冷却至40～45℃时加入D组分，搅拌均匀；

(5) 将上述组分静置室温后分装即得产品。

原料配伍 本品各组分质量份配比范围为：

A组分：去离子水50～60，丙二醇2～8，三乙醇胺0.5～2，氢氧化钠0.1～0.3，胶性硅酸镁铝1.5～2，对羟基苯甲酸甲酯0.1～0.3。

B组分：羊毛脂3～5，十四酸异丙酯1～3，白油3～8，橄榄油1～2，硬脂酸4～6，蜂蜡6～10。

C组分：滑石粉15～20，高岭土2～4，二氧化钛4～6，氧化镁3～5，珠白云母粉3～7。

D组分：香精0.5～1。

产品应用 本品是一种营养型眼影膏。

产品特性

（1）本产品为平滑膏体，使用后可防止出现斑点和条纹。

（2）本产品使用方便，效果良好，价格优廉。

（3）本产品不含重金属及其他有害成分，对皮肤无刺激。

（4）本产品配方中含有的成分，除了可用于进行化妆外，还对皮肤有滋润及营养的作用。

配方 27　珍珠粉眼影膏

原料配比

原料		配比(质量份)	
		1#	2#
微晶蜡		19	28
凡士林		13	11
角鲨烷		3	4
氧化铁红		13	10
蜂蜡		6	7
白油		16	12
羊毛脂		3	5
改性亲油性珍珠粉		23	18
二氧化钛		3	4.9
香精		1	0.1
改性亲油性珍珠粉	珍珠粉	81	93
	双硬脂酸铝	14	2
	聚甲基硅倍半氧烷	1	4.5
	二甲基硅油	4	0.5

制备方法　将微晶蜡、白油、凡士林加热至45～50℃，再加入羊毛脂、角鲨烷、改性亲油性珍珠粉、氧化铁红、二氧化钛，搅拌并研磨，调整色泽后，加入蜂蜡，然后加热至85～90℃，保持此温度，搅拌10～15min至完全混匀，最后于50～60℃浇模之前加入香精，快速冷却成型。

原料配伍　本品各组分质量份配比范围为：微晶蜡15～30，凡士林8～15，角鲨烷2～5，氧化铁红8～15，蜂蜡5～8，白油10～18，羊毛脂3～5，改性亲油性珍珠粉15～25，二氧化钛3～5，香精0.1～1。

改性亲油性珍珠粉由下述步骤制备得到：

（1）由下述组分以质量分数组成配方：珍珠粉80%～95%，双硬脂酸铝2%～15%，聚甲基硅倍半氧烷1%～5%，二甲基硅油0.5%～4%。

（2）将珍珠粉碎为细度为1000～20000目的珍珠粉，与双硬脂酸铝、颗粒大小为0.5～15μm的聚甲基硅倍半氧烷按所述质量比混合搅拌，并在三辊机上研磨均匀后，加入所述质量分数的黏度为5～100cP的二甲基硅油，并混合搅拌，继续在三辊机上研磨 2～3 次，得到粉末状成品。

所述聚甲基硅倍半氧烷的颗粒粒径优选为 2～6μm。

所述二甲基硅油的黏度优选为 5～30cP。

产品应用 本品是一种含改性珍珠粉的眼影膏。

产品特性 本产品中采用改性珍珠粉作为起美容功能的组分，经过改性处理的珍珠粉颗粒表面由亲水性变为亲油性，珍珠粉颗粒表面更光滑，润滑性好，改善了珍珠粉与有机介质的亲和性，使得改性珍珠粉在所述眼影膏中具有极好的分散性和稳定性，从而使珍珠粉充分发挥滋润、美白的功效。

第四章

睫毛膏

Chapter 04

第一节　睫毛膏配方设计原则

一、 睫毛膏的特点

睫毛膏的作用是使眼睫毛增加光彩，看起来似乎变长变粗，以增强眼睛的魅力。有睫毛膏、睫毛饼和睫毛液等种类，睫毛饼已不流行，目前主要流行睫毛膏和睫毛液。颜色以黑色、棕色和青色为主，一般采用炭黑和氧化铁棕。

二、 睫毛膏的分类及配方设计

睫毛膏实际上有三种产品形态，分别是睫毛饼、睫毛液和睫毛膏。

睫毛饼是以硬脂酸三乙醇胺和蜡为主要成分，加上颜料，做成饼状。涂敷时采用浸湿的小刷子。阴离子表面活性剂硬脂酸皂、蜂蜡和碱部分中和形成的脂肪酸皂，还有非离子表面活性剂单硬脂酸甘油酯等既作为睫毛块的基体，承载颜料，又在使用过程中作为润湿剂润湿眼睫毛，使颜料更容易涂在睫毛上。

睫毛膏是以三乙醇胺、硬脂酸、蜡和油脂为主，乳化成膏霜，加上颜料，装入软管。睫毛膏的基体实际上是普通雪花膏，有关雪花膏配方设计和制造工艺请参考相关内容。

睫毛液通常具有抗水性，目前流行的有两类，一类是将极细的颜料通过表面活性剂分散于蓖麻油中，另一类是利用胶体的黏性使颜料悬浮在液体当中，所用胶体材料包括虫胶、聚乙烯醇等。表面活性剂主要是非离子型的，如吐温、司盘系列和单硬脂酸甘油酯。

睫毛膏的质量要求是容易涂敷，涂敷后不会结块，不会流下。使用后能在睫毛上形成平整光滑的薄膜，且下妆时易抹掉。在使用时膏料不慎落入眼中，不会伤眼、不会刺激。对于这类眼用化妆品，除了原料安全卫生标准高外，配方与操作应十分讲究，制造时的操作的卫生条件也不可忽略。

第二节 睫毛膏配方实例

配方 1 蚕丝睫毛膏

原料配比

原料	配比(质量份)		
	1#	2#	3#
蜂蜡	1	3	5
地蜡	3	5	8
硬脂酸铝	2	4	6
对羟基苯甲酸甲酯	0.2	0.5	0.8
炭黑	5	6	8
三乙醇胺	1	1	2
蚕丝粉	3	4	6
石油醚	加至 100	加至 100	加至 100

制备方法

(1) 按配方要求，将蜂蜡和地蜡放在容器中加热熔化并搅拌均匀；

(2) 将硬脂酸铝、三乙醇胺及蚕丝粉加入溶剂石油醚中，边加热边搅拌，直至固体物全部溶解，加热温度为 80℃；

(3) 将步骤 (1) 和步骤 (2) 制得的混合物混合后，再加入对羟基苯甲酸甲酯和炭黑，并充分搅拌均匀，冷却至室温即得成品。

原料配伍 本品各组分质量份配比范围为：蜂蜡 1～5，地蜡 3～8，硬脂酸铝 2～6，对羟基苯甲酸甲酯 0.2～0.8，炭黑 5～8，三乙醇胺 1～2，蚕丝粉 3～6，石油醚加至 100。

产品应用 本品是一种蚕丝睫毛膏。

使用方法：使用时，用小毛刷蘸取少量本品，沿眼睑方向向上或向下搽于睫毛上，片刻后即干。

产品特性

(1) 采用蚕丝粉做填料，能使睫毛有卷曲效果。

(2) 选用蜂蜡、地蜡、硬脂酸铝作为添加剂，并加入三乙醇胺，能增加产品的光泽和润滑、柔软性，而且有助于卸妆时的清洗。

(3) 有适宜的干燥性和光泽，不怕汗水、泪水和雨水的浸湿。

(4) 涂抹时容易分布均匀且不凝结。

(5) 储存不容易变质，容易卸妆。

配方 2 防感染睫毛膏

原料配比

原料		配比(质量份)				
		1#	2#	3#	4#	5#
植物油	橄榄油	10	—	—	—	—
	豆油	—	10	—	—	—
	亚麻油	—	—	10	—	—
	菜籽油	—	—	—	10	—
	花生油	—	—	—	—	10
板蓝根		1	4	7	10	3
金银花提取物		1	2	3	4	5
黄芩提取物		4	2	3	1	5
柴胡提取物		2	5	3	8	4
石蜡		5	7	9	15	12
色素		3	6	4	5	7
维生素 C		2	3	7	4	5
维生素 E		1	1	3	2	2

制备方法 将各组分混合后在 35～75℃搅拌下陈化 2～12h，得到睫毛膏。陈化是为了使睫毛膏成分混合均匀，并且使睫毛膏稳定，不会出现沉降现象。

原料配伍 本品各组分质量份配比范围为：植物油 10，板蓝根 1～10，金银花提取物 1～5，黄芩提取物 1～5，柴胡提取物 2～8，石蜡 5～15，色素 3～7，维生素 C 2～7，维生素 E 1～3。

所述的金银花提取物为将金银花与乙醇在 100～150℃下熬煮 1～5h，过滤后蒸干滤液所得。

所述的黄芩提取物为将黄芩与乙酸在 100～150℃下熬煮 1～2h，过滤后蒸干滤液所得。

所述的柴胡提取物为将柴胡与水在 100～150℃下熬煮 12～48h，过滤后蒸干滤液所得。

所述的植物油是睫毛膏的溶剂，能够溶解其中的成分，可以为花生油、豆油、菜籽油或橄榄油，优选为橄榄油。

产品应用 本品主要用作防感染的睫毛膏，能够防止眼睛感染，并且能够使睫毛纤长、浓密。

产品特性

(1) 本产品的睫毛膏成分纯天然，没有化学添加剂，重金属成分和有害有机成分少。

(2) 本产品含有金银花、黄芩和柴胡等中药提取成分，不仅有利于眼睫毛的生长，而且具有杀菌功效。

（3）本产品添加了板蓝根，有利于眼部周围的健康，并能有效缓解因睫毛膏其他成分造成的眼部疲劳。

（4）本产品添加了维生素C与维生素E，能够有效减少眼睛干涩。

配方3 防水睫毛膏

原料配比

原料		配比(质量份)		
		1#	2#	3#
海藻纤维		12	13	14
尿囊素		12	13	14
蜂蜡		12	13	14
着色剂	植物炭黑	4.8	5.2	5.6
	金樱子棕	7.2	7.8	8.4
保湿剂	甘油	2	2.4	2.8
	海藻酸钠	3	3.6	4.2
	山梨醇	5	6	7
维生素E		7	8	9
成膜剂	丙烯酸树脂	2	3	4
防腐剂	茶多酚	1	2	3
去离子水		32	23	14

制备方法

（1）将蜂蜡和其质量1.5倍的去离子水加入配料罐中，混合加热至70～80℃直至得到透明液体A，备用；

（2）将海藻纤维、尿囊素、着色剂、保湿剂、维生素E和剩余去离子水加进另一容器中，加热至60～70℃并搅拌均匀后加入成膜剂，搅拌均匀得B液体；

（3）将步骤（1）和步骤（2）得到的A和B液体混合加入乳化罐，冷却至室温，搅拌下加入防腐剂即得。

原料配伍 本品各组分质量份配比范围为：海藻纤维12～14，尿囊素12～14，蜂蜡12～14，着色剂12～14，保湿剂10～14，维生素E 7～9，成膜剂2～4，防腐剂1～3和去离子水14～32。

所述的着色剂由植物炭黑和金樱子棕按质量比2∶3组成。

所述的保湿剂由甘油、海藻酸钠和山梨醇按质量比2∶3∶5组成。

所述的成膜剂为丙烯酸树脂。

所述的防腐剂为茶多酚。

产品应用 本品是一种防水睫毛膏。

产品特性

（1）海藻纤维的主要价值在于海藻成分，在纤维中与皮肤的接触不会让人有过敏的反应，并会积极释放海藻的维生素和矿物质，这种纤维包含钙和镁等主要的矿物质，维生素包括维生素A、维生素C、维生素E等，在化妆品的研究中，显示出海藻成分具有的矿物质和维生素A、维生素C、维生素E对皮肤和毛发有自然的益处，具有可降解吸收性、生物相容性等特殊性能。

(2) 尿囊素是一种两性化合物，能结合多种物质形成复盐，具有避光、杀菌防腐、止痛、抗氧化作用，能使皮肤保持水分、滋润和柔软，是美容美发化妆品的特效添加剂，广泛用于雀斑霜、粉刺液、香波、香皂、牙膏、刮脸洗剂、毛发护理剂、收敛剂、抗汗除臭洗剂等的添加剂。添加尿囊素的化妆品具有保护组织、亲水、吸水和防止水分散发等作用；添加尿囊素的发乳、发膏、洗发露等对毛发有保护作用，可使毛发不分叉、不断落，恢复原有的弹性和光泽。

(3) 蜂蜡是工蜂腹部下面四对蜡腺的分泌物质，其主要成分有酸类、游离脂肪酸、游离脂肪醇和碳水化合物，蜂蜡在工农业上具有广泛的用途，在化妆品制造业中，许多美容用品中都含有蜂蜡，如洗浴液、口红、胭脂等，其为树木脂液化石，为非晶液体，无固定的内部原子结构和外部形状。

(4) 植物炭黑和金樱子棕为天然着色剂，产品安全，对人体无刺激性。

(5) 甘油具有保湿效果；海藻酸钠亲水性强，在冷水和温水中都能溶解，形成非常黏稠均匀的溶液，形成的溶液具有其他类似物难以获得的柔软性、均一性及其他优良特性，具有很强的保护胶体的作用；山梨醇也具有很好的保湿效果。

(6) 维生素E是生育酚与三烯生育酚的总称，是脂溶性维生素，为细胞膜上的重要组成成分，亦是细胞膜上的主要抗氧化剂，维生素E广泛存在于动植物食品中，为多烯脂肪酸的抗氧化剂，在细胞膜上与膜磷脂的多价不饱和脂肪酸结合成复合物而具有稳定膜的结构，防止生物膜上PUFA和细胞中含硫基的酶受氧化剂的损害。

(7) 丙烯酸树脂作为成膜剂是睫毛膏的重要组分，能在表面形成一层黏着牢固，具有一定柔软性、延伸性和弹性、耐摩擦性、耐水性的均匀薄膜，使睫毛膏具有防水效果。

(8) 防腐剂茶多酚是茶叶中多酚类物质的总称，包括黄烷醇类、花色苷类、黄酮类、黄酮醇类和酚酸类等，具有防腐效果。

(9) 本产品配伍合理、科学，各组分相互配合、协同作用，形成安全、稳定性好且不易晕染的防水睫毛膏。

(10) 本产品均匀、不易脱落和结块，原材料来源广泛、安全，适合眼部装饰，安全性更高。

配方4 防晕染睫毛膏

原料配比

原料	配比(质量份)	原料	配比(质量份)
蚕丝粉	10	无水羊毛脂	15
石油醚	100	三乙醇胺	3
硬脂酸	20	甘油	20
蜂蜡	50	维生素E	3
天然黑色素	20	防腐剂	0.5

制备方法 将三乙醇胺加入石油醚中加热至90℃溶解，然后加入熔化后的蜡类物质，再加入剩余物质搅拌至室温，分装，即得。

原料配伍 本品各组分质量份配比范围为：蚕丝粉5～15，石油醚50～150，硬脂酸10～30，蜂蜡40～60，天然黑色素10～30，无水羊毛脂5～20，三乙醇胺1～5，甘油10～30，维生素E 0.5～5，防腐剂0.2～0.8。

所述蚕丝粉的长度为0.9～1.2mm。

产品应用 本品是一种防晕染睫毛膏。

使用方法：按照常规睫毛膏的涂刷方法刷在睫毛上，由于本产品中添加了蚕丝粉，可以沿着睫毛生长的方向使每根睫毛增长1～1.5mm，并且妆容自然，保持持久，不会自然掉落，也不会遇水晕妆。并且由于在产品中加入少量三乙醇胺和硬脂酸，可使其在加热过程中成皂，有助于卸妆时清洗。

产品特性 本产品配方新颖，组方独特，制备简单，价格低廉，使用后能够使睫毛增长1～1.5mm，具有纤长卷翘，浓密自然的效果，瞬间提升眼部神采，并且具有良好的防水效果，不怕晕染。

配方5 改良型睫毛膏

原料配比

原料	配比(质量份)		
	1#	2#	3#
硬脂酸	3	4	6
微晶蜡	7	11	14
巴西棕榈蜡	6	8	9
羟乙基纤维素	2	3	5
羊毛脂	4	6	8
纤维素胶	3	4	5
尼泊金乙酯	1	2	4
胶原蛋白	3	5	6
维生素E	2	4	6
透明质酸钠	9	12	15
十四酸异丙酯	3	5	7
聚甲基丙烯酸甲酯	2	4	6
丙烯酸	3	5	7
黑色氧化铁	8	10	12
去离子水	30	38	45

制备方法 将各组分原料混合均匀即可。

原料配伍 本品各组分质量份配比范围为：硬脂酸3～6，微晶蜡7～14，巴西棕榈蜡6～9，羟乙基纤维素2～5，羊毛脂4～8，纤维素胶3～5，尼泊金乙酯1～4，胶原蛋白3～6，维生素E 2～6，透明质酸钠9～15，十四酸异丙酯3～7，聚甲基丙烯酸甲酯2～6，丙烯酸3～7，黑色氧化铁8～12，去离子水30～45。

产品应用 本品是一种改良型睫毛膏。

产品特性

(1) 本产品为改良型睫毛膏，上妆效果好，防水效果好，且上妆持久，对眼部安全无害、无刺激性。

(2) 本产品制作简单，不伤害眼睛，搽刷容易，能使睫毛产生卷曲的效果，不会使睫毛饼结，不会熔化，干后不太硬，卸妆时容易洗掉。

配方6 海藻纤维护理型睫毛膏

原料配比

原料	配比(质量份)		
	1#	2#	3#
海藻纤维	2	1	2
褐藻胶	2	2	2.5
聚合草(尿囊素)	0.5	0.5	1
天然维生素E	1	1	2
橄榄油	0.5	1	0.5
蜂蜡	20	20	15
白虫草	25	25	20
何首乌	10	10	10
人参	0.5	1	1
白木耳	1	5	5
碳粉	3	3	3
溶菌酶	0.5	0.5	0.5
去离子水	加至100	加至100	加至100

制备方法

(1) 将海藻纤维、褐藻胶、聚合草（尿囊素）、天然维生素E、橄榄油和去离子水加进配料罐内加热至45～50℃，并搅拌均匀后加入碳粉、溶菌酶，制备成液体A备用；

(2) 在另一容器内加入蜂蜡，用1∶10的蒸馏水混合加热至75～85℃后得到透明液体B，备用；

(3) 将白虫草、何首乌、人参、白木耳经筛选、清洗、烘干消毒后分别粉碎成0.5～1cm^2颗粒，按1∶5的比例加蒸馏水加热，温度控制在85～110℃

熬制成膏状，澄清过滤去除杂质取凝胶状后，得到液体C；

（4）将步骤（1）、步骤（2）、步骤（3）所得液体A、液体B、液体C混合加入乳化罐（温度40～45℃），混合搅拌均匀，加入香精即可。

原料配伍 本品各组分质量份配比范围为：海藻纤维0.5～2.5，褐藻胶0.5～2.5，聚合草（尿囊素）0.5～2.0，天然维生素E 1.0～2.0，橄榄油0.2～1.0，蜂蜡10～20，白虫草10～25，何首乌5～10，人参0.5～2，白木耳1.0～5.0，碳粉2.0～5.0，溶菌酶0.5～1.0，余量为去离子水。

产品应用 本品是一种彩妆用品，也是一种海藻纤维护理型睫毛膏。

产品特性

（1）海藻纤维的主要价值在于海藻成分，在纤维中与皮肤的接触不会让人有过敏的反应，并会积极释放海藻的维生素和矿物质。这种纤维包含钙和镁等主要的矿物质，维生素包括维生素A、维生素E、维生素C等。在化妆品的研究中，显示出海藻成分具有的矿物质和维生素A、维生素E、维生素C对皮肤和毛发有自然的益处、具有可降解吸收性、生物相容性等特殊功能。

（2）由于聚合草（尿囊素）是一种两性化合物，能结合多种物质形成复盐，具有避光、杀菌、防腐、止痛、抗氧化作用，能使皮肤保持水分，滋润和柔软，是美容美发化妆品的特效添加剂，广泛用于雀斑霜、粉刺液、香波、香皂、牙膏、刮脸洗剂、毛发护理剂、收敛剂、抗汗除臭洗剂等的添加剂。添加尿囊素的化妆品具有保护组织、亲水、吸水和防止水分散发等作用；添加尿囊素的发乳、发膏、洗发露等对毛发有保护作用，可使毛发不分叉、不断落，恢复原有的弹性和光泽。尿囊素具有促进组织生长，细胞新陈代谢，软化角质层蛋白的作用。

（3）本产品为海藻纤维护理型睫毛膏，是以纯天然海洋藻类及植物作原料而研制的护理型睫毛膏，各种天然植物精华能激发眼睑肌肤中胶原蛋白的生成，令眼睑肌肤紧握睫毛根部，明显减少睫毛掉落，补充营养，改善睫毛生长环境，使睫毛浓密、纤长、有光泽，纯天然配方，对眼部敏感部位温和不刺激，滋养修护合二为一，卸妆方便。

配方7 含多糖化合物的睫毛膏

原料配比

原料	配比(质量份)		
	1#	2#	3#
荷荷芭油	18	12	23
甘油	7	12	5
多糖化合物	20	25	15

续表

原料	配比(质量份)		
	1#	2#	3#
卵磷脂	11	8	15
海藻胶	8	10	5
丁香油树脂	5	7	2
炭黑	17	14	20
水	14	12	15

制备方法 将所有成分加入胶体磨中进行研磨，至粒度为20～40μm，然后加入到均质机中，混合均匀，温度为60～70℃，均质5～10min，即得。

原料配伍 本品各组分质量份配比范围为：荷荷芭油12～23，甘油5～12，多糖化合物15～25，卵磷脂8～15，海藻胶5～10，丁香油树脂2～7，炭黑14～20和水10～20。

所述的多糖化合物由黄蓍胶和阿拉伯半乳聚糖按质量比（0.5～2）：1组成。

所述的丁香油树脂是一种天然防腐材料，不仅如此，而且还易溶于多糖化合物，增强炭黑色料的分散度。

产品应用 本品是一种含多糖化合物的睫毛膏。

产品特性

（1）多糖化合物主要是植物树胶，本身属于天然安全的多糖或是多糖衍生物，其在溶剂中会形成较为黏稠的液体，将其应用在睫毛膏中会吸收空气中或是汗液中的水分，不仅不会晕染，而且会形成结合水的状态，使睫毛更加色彩鲜亮。本品还采用了海藻胶，卵磷脂等天然成分作为乳化剂，增稠剂，不仅可以增加睫毛膏的黏性，而且会增加膏体的混合均匀性。

（2）安全性 本产品采用的所有溶剂全是纯天然成分，采用丁香油树脂作为防腐剂，不仅具有良好的抗菌性，而且还易溶于多糖化合物，增强炭黑色料的分散度。

（3）防水性 本产品添加的多糖化合物属于植物树胶，具有良好的成膜性，而且与海藻胶具有良好的相容性，海藻胶可以促进多糖化合物的黏性，而且与卵磷脂混合使用，增强睫毛膏的混合均匀性。

（4）本产品具有不易晕染，均匀，不易脱落、结块等优点，而且来源广泛、安全，适合眼部装饰，安全性更高。

配方8 含有发泡剂的睫毛膏

原料配比

原料	配比(质量份)
丁二醇	2.0
对羟基苯甲酸甲酯	0.2

续表

原料	配比(质量份)
泛醇	0.5
山梨醇	1.0
烟酰胺	0.5
EDTA-2Na	0.1
黄原胶	0.15
羟乙基纤维素	0.2
铁黑(和)水(和)聚丙烯酸钠	12.0
白蜂蜡	8.0
地蜡	5.0
小烛树蜡	3.0
硬脂酸	3.0
微晶蜡	3.0
失水山梨醇倍半油酸酯	1.0
生育酚乙酸酯	0.2
氢化聚环戊二烯	2.0
角鲨烷	2.0
对羟基苯甲酸丙酯	0.1
异构十二烷	1.0
聚山梨醇酯-60	1.2
鲸蜡硬脂基葡糖苷	0.8
霍霍巴油	1.0
二硬脂二甲铵锂蒙脱石	0.8
米糠蜡	0.5
聚异丁烯	1.0
聚二甲基硅氧烷	1.0
聚二甲基硅氧烷醇	0.5
三乙醇胺	1.35
纤维素	4.5
苯氧乙醇	0.3
NovecHFE-7100	1.0
去离子水	加至100

制备方法

(1) 将去离子水、丁二醇、对羟基苯甲酸甲酯、泛醇、山梨醇、烟酰胺、EDTA-2Na、黄原胶、羟乙基纤维素、铁黑（和）水（和）聚丙烯酸钠混合形成混合物Ⅰ，将白蜂蜡、地蜡、小烛树蜡、硬脂酸、微晶蜡、失水山梨醇倍半油酸酯、生育酚乙酸酯、氢化聚环戊二烯、角鲨烷、对羟基苯甲酸丙酯、异构十二烷、聚山梨醇酯-60、鲸蜡硬脂基葡糖苷、霍霍巴油、二硬脂二甲铵锂蒙脱石、米糠蜡、聚异丁烯、聚二甲基硅氧烷、聚二甲基硅氧烷醇混合形成混合物Ⅱ，分别加热混合物Ⅰ和混合物Ⅱ到85～90℃；

(2) 分别将混合物Ⅰ和混合物Ⅱ搅拌均匀；

(3) 将混合物Ⅱ加入混合物Ⅰ中，均质10min；

（4）在步骤（3）得到的物料中加入三乙醇胺，均质 3min；

（5）降温到 50℃，加入纤维素，搅拌均匀；

（6）降温到 40℃，加入苯氧乙醇，搅拌均匀；

（7）降温到 25℃以下，加入 Novec HFE-7100，搅拌均匀，即可出料。

原料配伍 本品各组分质量份配比为：丁二醇 2.0，对羟基苯甲酸甲酯 0.2，泛醇 0.5，山梨醇 1.0，烟酰胺 0.5，EDTA-2Na 0.1，黄原胶 0.15，羟乙基纤维素 0.2，铁黑（和）水（和）聚丙烯酸钠 12.0，白蜂蜡 8.0，地蜡 5.0，小烛树蜡 3.0，硬脂酸 3.0，微晶蜡 3.0，失水山梨醇倍半油酸酯 1.0，生育酚乙酸酯 0.2，氢化聚环戊二烯 2.0，角鲨烷 2.0，对羟基苯甲酸丙酯 0.1，异构十二烷 1.0，聚山梨醇酯-60 1.2，鲸蜡硬脂基葡糖苷 0.8，霍霍巴油 1.0，二硬脂二甲铵锂蒙脱石 0.8，米糠蜡 0.5，聚异丁烯 1.0，聚二甲基硅氧烷 1.0，聚二甲基硅氧烷醇 0.5，三乙醇胺 1.35，纤维素 4.5，苯氧乙醇 0.3，NovecHFE-7100 1.0，去离子水加至 100。

所述去离子水，电导率小于 0.3μS/cm，pH 值为 6～7.5。

产品应用 本品是一种含有发泡剂的睫毛膏。

产品特性 本产品采用了发泡剂 Novec HFE-7100，在睫毛膏中使用，膏体涂抹于睫毛以后，由于发泡剂的起泡，极大地改善了睫毛膏变硬和结块问题，并可以使睫毛更显浓密，柔和自然。

配方 9 睫毛膏

原料配比

原料	配比(质量份)		
	1#	2#	3#
无水羊毛脂	8	9	10
十四酸异丙酯	4	5	6
水	1	1.5	2
炭黑	2	3	4
透明质酸钠	8	9	10
丙二醇	5	6	7
黑色氧化铁	7	8	9
氯化钠	1	1.5	2
异丙醇	4	4.5	5

制备方法 将各组分原料混合均匀即可。

原料配伍 本品各组分质量份配比范围为：无水羊毛脂 8～10，十四酸异丙酯 4～6，水 1～2，炭黑 2～4，透明质酸钠 8～10，丙二醇 5～7，黑色氧化铁 7～9，氯化钠 1～2，异丙醇 4～5。

产品应用 本品是一种睫毛膏。

产品特性 本产品能增加睫毛浓黑美感，刺激性小，不怕汗水浸湿，满足人们的需求。

配方 10 睫毛膏组合物

原料配比

原料	配比(质量份)		
	1#	2#	3#
油酸	4	8	6
硬脂酸	3	6	5
微晶蜡	8	15	11
巴西棕榈蜡	4	10	7
羟乙基纤维素	1	3	2
无水羊毛脂	5	10	7
纤维素胶	1	2	1.5
三乙醇胺	1	5	3
尼泊金乙酯	0.1	0.3	0.2
去离子水	60	70	65

制备方法 将油酸、硬脂酸、微晶蜡和巴西棕榈蜡加热至 60℃为油相，再将剩余原料共同加热至 80℃为水相，将水相加入油相中，搅拌使乳化，搅拌至室温即可。

原料配伍 本品各组分质量份配比范围为：油酸 4～8，硬脂酸 3～6，微晶蜡 8～15，巴西棕榈蜡 4～10，羟乙基纤维素 1～3，无水羊毛脂 5～10，纤维素胶 1～2，三乙醇胺 1～5，尼泊金乙酯 0.1～0.3，去离子水 60～70。

产品应用 本品是一种睫毛膏组合物。

产品特性 本产品制作简单，不伤害眼睛，搽刷容易，能使睫毛产生卷曲的效果，不会使睫毛饼结，不会熔化，干后不太硬，卸妆时容易洗掉。

配方 11 具有增长效果的抗水性睫毛膏

原料配比

原料	配比(质量份)	原料	配比(质量份)
蚕丝粉	3	三乙醇胺	1
石油醚	55	天然黑色素	4
硬脂酸	3	甘油	5
蜂蜡	25	维生素 E	0.5
棕榈蜡	4	防腐剂	0.1
无水羊毛脂	2	硬脂酸铝	2

制备方法 将硬脂酸铝、三乙醇胺加入石油醚中加热至 90℃溶解，然后加入熔化后的蜡类物质，再加入剩余物质搅拌至室温，分装即得。

原料配伍 本品各组分质量份配比范围为：蚕丝粉 3～5，石油醚 45～55，硬脂酸 3～9，蜂蜡 20～30，棕榈蜡 4～8，无水羊毛脂 2～6，三乙醇胺 0.5～3，天然黑色素 4～9，甘油 5～10，维生素 E 0.2～2，防腐剂 0.1～0.3，硬脂酸铝 2～4。

所述蚕丝粉的长度为 0.9～1.2mm。

产品应用 本品是一种具有增长效果的抗水性睫毛膏。

使用方法：按照常规睫毛膏的涂刷方法刷在睫毛上，由于本产品中添加了蚕丝粉，可以沿着睫毛生长的方向使每根睫毛增长 1～1.5mm，并且妆容自然，保持持久，不会自然掉落，也不会遇水晕妆，并且由于在产品中加入少量三乙醇胺和硬脂酸，可使其在加热过程中成皂，有助于卸妆时清洗。

产品特性 本产品配方新颖，组方独特，制备简单，价格低廉，使用后能够使睫毛增长 1～1.5mm，具有纤长卷翘，浓密自然的效果，瞬间提升眼部神采，并且具有良好的防水效果，不怕晕染。

配方 12 快速硬化的睫毛膏

原料配比

原料		配比(质量份)				
		1#	2#	3#	4#	5#
A 组分	橄榄油	20	1	1	1	1
	十六醇	—	3	4	5	3
	乳化蜡	—	2	9	5	7
	无水乙醇	—	25	45	30	25
B 组分	乙基纤维素	1	1	1	7	1
	色素	1	2	3	—	3
C 组分	卡波	1	1	4	1	1
	蒸馏水	15	10	—	23	20
	三乙醇胺	1	2	—	1	1
D 组分	硫代二丙酸双酯	1	1	1	1	—
	香兰素	0.2	1	2	3	—
	苯甲酸钠	1	1	1	2	1
E 组分	丙烯酸树脂	1	8	1	1	1
	聚乙烯	1	—	4	2	3
	氧化聚异丁烯	1	—	1	1	4
A 组分		20	45	36	50	30
B 组分		14	7	9	18	7
C 组分		3	8	4	6	9
D 组分		1	1	1	1	1
E 组分		4	2	10	7	8

制备方法 先将 A 组分和 B 组分混合加热至 45～85℃后，然后与 C 组分、D 组分和 E 组分的混合物混合，将所有组分混合后采用胶磨机研磨 1～5h，得到所述睫毛膏。

原料配伍 本品包括含橄榄油的 A 组分、含有乙基纤维素的 B 组分、含有卡波的C组分、含有苯甲酸钠的D组分以及含有丙烯酸树脂的E组分，其中，A组分、B组分、C组分、D组分和E组分的质量比为(20～50)∶(5～20)∶(3～10)∶1∶(2～10)。

所述A组分还含有十六醇、乳化蜡和无水乙醇，所述橄榄油、十六醇、乳化蜡和无水乙醇的质量比为1∶(3～5)∶(1～10)∶(20～50)。

所述B组分还含有色素，所述乙基纤维素与色素的质量比为1∶(1～3)。

所述C组分还含有蒸馏水和三乙醇胺，所述卡波、蒸馏水和三乙醇胺的质量比为1∶(10～25)∶(1～2)。所述卡波是一种高分子化学物质，具有很强的溶胀性和微酸性，因为对皮肤安全无毒，且稳定性极好，所以被广泛运用到制作化妆品的精华液和乳胶中。

所述D组分还含有硫代二丙酸双酯和香兰素，所述苯甲酸钠、硫代二丙酸双酯和香兰素的质量比为1∶(0.2～3)∶(1～2)。

所述E组分还含有聚乙烯和氧化聚异丁烯，所述丙烯酸树脂、聚乙烯和氧化聚异丁烯的质量比为1∶(1～3)∶(1～4)。

产品应用 本品是一种快速硬化的睫毛膏。

产品特性 本产品重金属成分和有害有机成分少，还有丙烯酸树脂、聚乙烯和氧化聚异丁烯，有利于睫毛膏的硬化成型，降低对眼睛伤害，而且制备方法简单。

配方13 耐用睫毛膏

原料配比

原料	配比(质量份)		
	1#	2#	3#
蜂蜡	6	7	8
硬脂酸铝	7	8	9
对羟基苯甲酸甲酯	3	4	5
炭黑	9	11	13
三乙醇胺	2	3	4
羟乙基纤维素	4	5	6
山梨醇	3	4	5
玉米胚芽油	6	6.6	7
无水羊毛脂	3	3.5	4
十四酸异丙酯	1	2	3
水	10	13	15

制备方法 将各组分原料混合均匀即可。

原料配伍 本品各组分质量份配比范围为：蜂蜡6～8，硬脂酸铝7～9，对羟基苯甲酸甲酯3～5，炭黑9～13，三乙醇胺2～4，羟乙基纤维素4～6，山梨醇3～5，玉米胚芽油6～7，无水羊毛脂3～4，十四酸异丙酯1～3，水

10～15。

产品应用 本品是一种睫毛膏组合物。

产品特性 本产品持久耐用，不易脱落，耐水性好，成本低廉。

配方 14 微胶囊型睫毛膏

原料配比

原料	配比(质量份)		
	1#	2#	3#
明胶	5	15	6
壳聚糖	3	8	4.5
阿拉伯胶	4	10	5.5
黑芝麻色素	2	5	4
黑米色素	1	3	2
橡子壳棕色素	0.5	1.5	1
人参醇提物	2	5	3
鳄梨油	5	10	6
蜂蜡	12	18	26
单硬脂酸甘油酯	6	9.5	14
羟甲基纤维素钠	4	6	4
吐温-80	2	5	2
十二烷基苯磺酸钠	1.5	3	2

制备方法

(1) 取明胶用双蒸水浸泡溶胀 1～2h 后，在 60～75℃下配制成质量浓度为 5%～7%的明胶水溶液；

(2) 取阿拉伯胶和壳聚糖，加入双蒸水，在 50～65℃下加热溶解，得混合溶液 A，其中，混合溶液 A 中阿拉伯胶的质量浓度为 2%～4%；

(3) 称取人参醇提物和鳄梨油，混合均匀，在 40～60℃下微波处理 15～25s，其中，微波功率为 550～780W；

(4) 向步骤 (3) 微波处理后的混合物中加入天然色素、蜂蜡、单硬脂酸甘油酯、羟甲基纤维素钠、吐温-80 和十二烷基苯磺酸钠，在 60～80℃下超声处理 2～3min，其中，超声功率为 300～450W；

(5) 对步骤 (4) 超声后的混合物使用超高速分散机乳化分散 3～8min 后，使用均质机均质 3 次，得到均质液，其中，所述分散机的转速为 1500～2600r/min，均质机的均质压力为 38～46MPa；

(6) 将步骤 (1) 制得的明胶水溶液和步骤 (5) 制得的均质液混合均匀，使用高速分散机分散 3～6min 后，加入步骤 (2) 制得的混合溶液 A，得到混合溶液 B；

(7) 将步骤 (6) 的混合溶液 B 调节 pH 值至 4.1～4.9，将调节后的溶液于 45～55℃下反应 15～25min；

（8）向步骤（7）反应后的混合溶液 B 中加入 20～28mL 丙醛，超声反应 0.5～1.5h，其中，超声功率为 350～500W；

（9）将步骤（8）反应后的溶液以 6000～7000r/min 的离心速度离心 5～10min，弃去上清液，水洗沉淀并以同样的离心条件离心三次，得到湿微胶囊；

（10）将步骤（9）得到的湿微胶囊于－70～－60℃预冻 28～32h 后，真空冷冻干燥 8～16h，得到微胶囊型睫毛膏。

原料配伍 本品各组分质量份配比范围为：明胶 5～15，壳聚糖 3～8，阿拉伯胶 4～10，黑芝麻色素 2～5，黑米色素 1～3，橡子壳棕色素 0.5～1.5，人参醇提物 2～5，鳄梨油 5～10，蜂蜡 12～26，单硬脂酸甘油酯 6～14，羟甲基纤维素钠 4～6，吐温-80 2～5 和十二烷基苯磺酸钠 1.5～3。

产品应用 本品是一种微胶囊型睫毛膏，具有显色剂安全健康、滋养保养睫毛、促进睫毛生长的功效。

产品特性

（1）本产品采用天然色素作为显色剂，采用天然物质作为活性成分，因天然性质不稳定，容易被外界环境所破坏，故本产品特采用微胶囊技术对天然物质进行包埋，在保护天然物质的活性不被破坏的同时，也避免了囊芯中的油脂物质容易风干、风干后没法使用的问题发生。

（2）采用本产品方法制得的微胶囊型睫毛膏颗粒为规整的球形，囊壁具有均匀的厚度，且具有均匀的强度，能保留微胶囊完美的球形不被破坏，不会造成囊芯泄露的问题，有效保证产品储存、运输、货架期中不会发生损坏。

（3）本产品制得的微胶囊型睫毛膏通过包埋手段对囊芯的天然色素、天然活性物质进行保护，包埋效果好，包埋率高达 97%，可以保护囊芯不受外界不良因素影响，进一步保证产品的稳定特性，保证消费者使用本产品微胶囊型睫毛膏时能够体验到活性物质带来的功能。

（4）本产品通过天然色素发挥显色功效，避免了色淀和人工合成色素对人体的伤害，具有健康功效；本产品通过黑芝麻素和人参醇提物的协同配伍作用，给本产品带来促进睫毛生长，防止睫毛脱落，使睫毛更加乌黑浓密的功效，赋予了睫毛膏新的用途；本产品还通过鳄梨油和黑米色素的协同配伍作用，兼具滋润睫毛、保湿睫毛的功效，给消费者带来了多重消费体验。

（5）本产品相较于现有睫毛膏，携带使用更加方便，使用时微胶囊受到挤压作用便会破裂，进而使囊芯的天然色素和活性物质发挥功效，带来美化睫毛、滋养睫毛的功效。

（6）在综合考虑本产品微胶囊型睫毛膏囊芯材料的基础上，选择明胶、壳聚糖和阿拉伯胶作为囊壁材料，协同发挥对囊芯的包埋作用，具有良好的包埋效果；由于囊壁材料明胶具有一定的水润效果，而使得本产品（微胶囊型睫毛膏）具有一定的水润性。

配方 15　新型海藻护理睫毛膏

原料配比

原料	配比(质量份)		
	1#	2#	3#
海藻纤维	7	9	11
褐藻胶	5	5.5	6
天然维生素 E	4	6	7
橄榄油	3	4	6
蜂蜡	7	8	9
何首乌	6	8	9
炭黑	8	10	12
透明质酸钠	2	3	4
丙二醇	2	2.4	3
羊毛脂	5	6	7
对羟基苯甲酸甲酯	1	2	3
金银花提取物	6	7	8
水	10	13	15

制备方法　将各组分原料混合均匀即可。

原料配伍　本品各组分质量份配比范围为：海藻纤维 7～11，褐藻胶 5～6，天然维生素 E　4～7，橄榄油 3～6，蜂蜡 7～9，何首乌 6～9，炭黑 8～12，透明质酸钠 2～4，丙二醇 2～3，羊毛脂 5～7，对羟基苯甲酸甲酯 1～3，金银花提取物 6～8，水 10～15。

产品应用　本品是一种海藻护理睫毛膏。

产品特性　本品涂抹不结块，长效持久，无脱落，温和无刺激。

配方 16　羊毛脂睫毛膏

原料配比

原料	配比(质量份)	原料	配比(质量份)
羊毛脂	8	炭黑	7
石蜡	9	脱氢乙酸钠	0.5
三乙醇胺	3	纯水	61.5
山梨醇	11		

制备方法 在反应釜中加入羊毛脂、纯水升温使之熔化，再加入三乙醇胺搅拌均匀待用。在另一反应釜中将石蜡、山梨醇、炭黑、脱氢乙酸钠混合搅匀后倒入上一反应釜中，搅拌均匀、冷却后即可得成品。

原料配伍 本品各组分质量份配比为：羊毛脂 8，石蜡 9，三乙醇胺 3，山梨醇 11，炭黑 7，脱氢乙酸钠 0.5，纯水 61.5。

产品应用 本品是一种睫毛膏，用于化妆品领域。

产品特性 本产品容易涂敷，在睫毛上容易吸附，干燥时间适中，能充分满足上妆时间需求，没有干裂感觉，不易变色，对眼睛无刺激伤害。

配方 17 液体睫毛膏

原料配比

原料		配比(质量份)	
		1#	2#
植物油	蓖麻油	60	—
	橄榄油	—	80
羊毛脂		5	5
色素	炭黑	10	—
	氧化铁棕	—	5
胶原蛋白		0.5	1.5
维生素 E		0.5	1.5

制备方法 将植物油，羊毛脂，炭黑，胶原蛋白，维生素 E 混合均匀，然后将氧化铁棕研磨后均匀分散在液体中即可。

原料配伍 本品各组分质量份配比范围为：植物油 60～80，羊毛脂 3～5，色素 5～10，胶原蛋白 0.5～1.5，维生素 E 0.5～1.5。

所述植物油为蓖麻油或者橄榄油。

所述色素为炭黑或者氧化铁棕。

产品应用 本品是一种液体睫毛膏。

产品特性

(1) 添加胶原蛋白、维生素 E 等成分，可滋养睫毛并促进睫毛生长；羊毛脂成分能够赋予睫毛弹性并能抵抗紫外线照射。

(2) 本产品以天然植物油为主要成分，添加胶原蛋白、维生素 E 等成分，可滋养睫毛并促进睫毛生长；以羊毛脂代替石蜡、蜂蜡等物质，既能滋养睫毛，又能赋予睫毛弹性并能抵抗紫外线照射。所用成分均对眼部无害，无刺激性，着色牢固均匀，不易脱色，使用方便。

配方 18　长睫毛型睫毛膏

原料配比

原料		配比(质量份)		
		1#	2#	3#
A组分	矿脂	25	14	30
	蜂蜡	6	12	6
	巴西棕榈蜡	7	12	6
	戊二醇	2	3	3
	氨甲基丙醇	3	2	2
B组分	尼龙-6	4	3	3
	着色剂	12	10	10
C组分	硬脂酸己六酯	2	3	3
	鲸蜡醇聚醚-20	4	3	3
	硬脂酸	3	2.4	2.4
	氢氧化钠	0.8	1.2	1.2
	水	25.7	28.7	28.7
D组分	防腐剂	1	1	1
	抗氧化剂	0.5	0.5	0.5
E组分	丙烯酸树脂	10	15	15
	氢化聚异丁烯	5	3	3
	聚乙烯吡咯烷酮	4	2	2

制备方法

(1) 将A组分和B组分混合，加热至70℃保温形成油相；

(2) 将C组分和D组分混合，随后加入E组分，加热至70℃保温形成水相；

(3) 将水相加入油相，形成膏状液，采用均质搅拌机乳化分散1～4h。

原料配伍　本品各组分质量份配比范围为：含有矿脂的A组分、含有尼龙-6的B组分、含有硬脂酸己六酯的C组分、含有防腐剂的D组分以及含有丙烯酸树脂的E组分，其中，A组分、B组分、C组分、D组分和E组分的质量比为(20～50)∶(5～20)∶(10～15)∶(1～2)∶(10～30)。

所述A组分还含有蜂蜡、巴西棕榈蜡、戊二醇和氨甲基丙醇，所述矿脂、蜂蜡、巴西棕榈蜡、戊二醇和氨甲基丙醇的质量比为(10～30)∶(5～15)∶(5～15)∶(2～5)∶(2～5)。其中，巴西棕榈蜡蜡质坚硬，可以提高睫毛膏的成型效果，而蜂蜡蜡质柔软，加入蜂蜡可以调和睫毛膏硬度，同时由于蜂蜡具有乳化作用，可以稳定膏状体系。戊二醇作为保湿剂，可以使睫毛膏涂刷上睫毛后附着均匀，不至于粘连和成块。氨甲基丙醇作为睫毛膏颜料分散剂，可以使着色剂成分有效分散。

所述B组分还含有着色剂，所述尼龙-6和着色剂的质量比为1∶20。尼龙-6作为一种合成短纤维物质可以使睫毛具有伸长和变粗的效果。

所述C组分还含有鲸蜡醇聚醚-20、硬脂酸、氢氧化钠和水，所述硬脂酸己六酯、鲸蜡醇聚醚-20、硬脂酸、氢氧化钠和水的质量比为1∶(2～3)∶(1～4)∶(0.2～0.5)∶(20～50)。其中硬脂酸己六酯和鲸蜡醇聚醚-20作为亲油性和亲水性乳化剂，两种乳化剂通过合理调配比例，达到使睫毛膏体系稳定的HLB值。而硬脂酸在和氢氧化钠加热混合后生成的硬脂酸钠作为一种皂类乳化剂，在稳定体系的同时，也能使睫毛膏在卸妆时更为方便。

所述D组分还含有抗氧化剂，所述防腐剂和抗氧化剂的质量比为1∶0.5。

所述E组分还含有氢化聚异丁烯和聚乙烯吡咯烷酮，所述丙烯酸树脂、氢化聚异丁烯和聚乙烯吡咯烷酮的质量比为1∶(0.2～0.5)∶(0.1～0.3)。丙烯酸树脂作为成膜剂，可以使睫毛膏在涂刷上睫毛后硬化成型更快，同时使睫毛膏具有防水功能。氢化聚异丁烯作为一种皮肤柔软剂，可以使睫毛膏的使用体验感更好。而聚乙烯吡咯烷酮的加入可以使睫毛膏减少沾污。

产品应用 本品是一种具有浓密纤长效果的睫毛膏。

产品特性 本产品配方组分设计合理，使用均质搅拌机对体系进行乳化分散可以保证睫毛膏的稳定性，避免在储存期内出现分层、沉淀的情况。产品涂抹后使睫毛具有浓密、自然卷翘、纤长的效果，同时还具备卸妆容易、防水的优点。

配方19 长效睫毛膏

原料配比

原料	配比(质量份)		
	1#	2#	3#
羊毛脂	7	8	10
胶原蛋白	8	11	14
维生素E	3	4	5
黄原胶	6	8	10
羟乙基纤维素	11	14	16
金银花提取物	2	3	4
硬脂酸	7	8	9
微晶蜡	9	12	14
巴西棕榈蜡	5	7	8
炭黑	15	19	22
三乙醇胺	3	4	5

制备方法 将各组分原料混合均匀即可。

原料配伍　本品各组分质量份配比范围为：羊毛脂7～10，胶原蛋白8～14，维生素E 3～5，黄原胶6～10，羟乙基纤维素11～16，金银花提取物2～4，硬脂酸7～9，微晶蜡9～14，巴西棕榈蜡5～8，炭黑15～22，三乙醇胺3～5。

产品应用　本品是一种色泽度好，涂抹无结块，长效持久，防水性好的长效睫毛膏。

产品特性　本品色泽度好，涂抹无结块，长效持久，防水性好。

第五章 指甲油

Chapter 05

第一节 指甲油配方设计原则

一、 指甲油的特点

指甲油的质量好坏，要看是否具备以下性质：

（1）具有适当的干燥速度，并能硬化；

（2）具有容易涂于指甲的黏度；

（3）能形成均匀的涂膜；

（4）颜色均匀一致；

（5）涂膜的光泽和色调能保持长久；

（6）涂膜的黏着性良好；

（7）涂膜具有一定的弹性；

（8）用指甲油驱除剂洗擦时，容易除去颜色十分丰富的指甲油，在选用指甲油时，除了看质量优劣外，颜色的选用一般应与服装或化妆品保持统一和谐。

二、 指甲油的分类及配方设计

亮光指甲油：即一般指甲油。

透明指甲油：会随着光线反射出光泽，如果冻般有透明感。

珠光指甲油：在特定光线下，呈现出轻盈的珠光效果。

炫光指甲油：不同的光彩下会产生不同的颜色，有七彩霓虹的感觉。

雾光指甲油：像磨砂玻璃般的雾面质感。

亮片指甲油：指甲油中加入亮片或亮粉。

普通指甲油一般由两类成分组成，一类是固态成分，主要是色素、闪光物质等；另一类是液体的溶剂成分，主要使用的有丙酮、乙酸乙酯（俗称香蕉水）、邻苯二甲酸酯、甲醛等。

色素的种类比较多，有天然和人造二类，现在使用最广泛的当然是人造色素了，但是有许多人造色素是带有毒性的，因此可能对人体有危害。大家熟知的苏丹红就是一种致癌物质。天然色素中也可能混有有害成分，但是可以经过纯化处理，去除有害的成分，但是去除技术有相当的难度，而且成本很高，一般不为生产商采用。

在普通指甲油中，为了达到使指甲油快速干透的目的，加入了大量丙酮、乙酸乙酯成分，这两种成分的特点是极易挥发，所以指甲油能很快干掉。但是丙酮、乙酸乙酯属于危险化学品，它们易燃易爆，在挥发时产生令人炫晕的刺激性气味，对室内空气产生污染（挥发后它们的体积将膨胀1000倍），在长期吸入的情况下，对神经系统可能产生危害，还对黏膜有强刺激性。如果家中有宝宝的话，接触这类成分就更为危险。

第二节　指甲油配方实例

配方1　低毒低危害指甲油

原料配比

原料	配比(质量份)
乙酸乙烯-丁烯酸(巴豆酸)-支链癸酸乙烯酯共聚物	79.5
羧甲基纤维素	0.8
骨胶原、角朊水解物	6
乙醇	2
甘油	4
去离子水	7.7

制备方法　于反应釜中加入去离子水，加热至75℃，搅拌下加入乙酸乙烯-丁烯酸（巴豆酸）-支链癸酸乙烯酯共聚物、羧甲基纤维素、乙醇、甘油，物料完全溶解后，待温度降至50℃，加入骨胶原、角朊水解物，搅拌溶解后得到成品。

原料配伍　本品各组分质量份配比范围为：乙酸乙烯-丁烯酸（巴豆酸）-支链癸酸乙烯酯共聚物79.5，羧甲基纤维素0.8，骨胶原、角朊水解物6，乙醇2，甘油4，去离子水7.7。

产品应用　本品是一种毒性低，对人体危害性小的指甲油。

产品特性

（1）本品配方毒性低，对人体的危害性小，且对指甲有一定的营养功能。

（2）本品配方产物抗水，耐磨、黏附性能与含有机溶剂的常规配方指甲油相当，产物呈半透明状，于50℃放置10d不发黄，稳定性好，骨原胶、角朊水解物能对指甲起到滋养的作用。

配方2 防褪色指甲油

原料配比

原料	配比(质量份)		
	1#	2#	3#
水性聚氨酯树脂	15	20	25
水性硝化棉	10	15	18
乙酸丁酯	15	18	20
磷酸三甲基酯	5	8	10
丙酮	6	8	9
西瓜提取液	10	12	15
柠檬酸乙酰三丁酯	5	7	9
乙酸乙烯-丁烯酸(巴豆酸)-支链癸酸乙烯酯共聚物	30	40	50
羧甲基纤维素	2	4	6
骨胶原、角朊水解物	6	10	12
甘油	6	7	9
维生素 A	10	13	15
去离子水	20	25	30

制备方法 将各组分原料混合均匀即可。

原料配伍 本品各组分质量份配比范围为：水性聚氨酯树脂15～25，水性硝化棉10～18，乙酸丁酯15～20，磷酸三甲基酯5～10，丙酮6～9，西瓜提取液10～15，柠檬酸乙酰三丁酯5～9，乙酸乙烯-丁烯酸（巴豆酸）-支链癸酸乙烯酯共聚物30～50，羧甲基纤维素2～6，骨胶原、角朊水解物6～12，甘油6～9，维生素A 10～15，去离子水20～30。

产品应用 本品是一种对人体危害性小，保持亮丽光泽的防褪色指甲油。

产品特性 本品抗水、耐磨、防褪色，涂抹以后可以增加美感，更重要的是对指甲本身具有保养作用，可使指甲保持红润光泽。

配方3 光致变色指甲油

原料配比

原料	配比(质量份)			
	1#	2#	3#	4#
乙酸乙酯	5	10	6	8
乙酸丁酯	15	20	16	19
硝化纤维素	10	15	12	14
聚酯树脂	—	15	—	14

续表

原料	配比（质量份）			
	1#	2#	3#	4#
丙烯酸树脂	10	—	11	—
色料	—	5	1	3.5
香精	0.1	1.5	1	1.2
抗沉剂	0.1	1.5	0.5	1
微胶囊化光致变色粉	0.5	10	1	4

制备方法

（1）先将乙酸乙酯和乙酸丁酯按照配方比例混合后搅拌均匀；

（2）边搅拌边加入硝化纤维素，并继续以1200r/min转速搅拌5min；

（3）然后加入树脂、抗沉剂、香精，并继续以1200r/min转速搅拌5min；

（4）加入色料及微胶囊化光致变色粉，1200r/min搅拌15min，至颜色均匀，过200目筛，即可得到所述指甲油。

原料配伍 本品各组分质量份配比范围为：乙酸乙酯5～10，乙酸丁酯15～20，硝化纤维素10～15，树脂10～15，色料0～5，香精0.1～1.5，抗沉剂0.1～3，微胶囊化光致变色粉0.5～10。

所述树脂为聚酯树脂及丙烯酸树脂的一种。

所述香精为植物香精。

所述微胶囊化光致变色粉的制备方法为：

（1）芯材制备 向有机溶剂中按照质量分数0.5%～3%的比例加入光致变色材料，加热至60～90℃，搅拌溶解，冷却至室温，得芯材溶液。

（2）向芯材溶液中加入适量乳化剂溶液，高速乳化，得到油滴粒径1～10μm的乳化芯材溶液。

（3）向步骤（2）中得到的乳化芯材溶液中加入适量水，搅拌均匀，在快速搅拌下缓慢滴入壁材（即密胺树脂预聚物），滴加完毕，快速搅拌，油浴升温至50～70℃，反应1～2h，继续升温到70～90℃，快速搅拌反应2～3h，得到封装光致变色材料的密胺树脂微胶囊浆液。

（4）将步骤（3）得到的密胺树脂胶囊浆液冷却至室温，用5% NaOH水溶液调节体系pH值至8.0～9.0；

（5）将步骤（4）得到的浆液喷雾干燥，得到固体产物即微胶囊化光致变色粉。

有机溶剂添加量为30～65g，乳化剂添加量为90～130g，壁材30～65g，水200～1000mL。

所述的有机溶剂选用邻苯二甲酸二辛酯、正己烷、环己烷、四氯乙烯、四氯化碳中的任一种，所述乳化剂选用SDS（十二烷基硫酸钠）、十二烷基苯磺酸钠、苯乙烯-马来酸酐共聚物中的任一种。

所述指甲油的配方中的乙酸乙酯和乙酸丁酯作为活性溶剂使用，用来溶解其他物质；硝化纤维素作为一种成膜剂，可以在涂布后在指甲表面形成一层膜，同时它的流动性保证了指甲油在容器中呈现流动态；树脂的加入可以使得硝化纤维素膜更具有柔韧性；抗沉剂的主要成分是经过活化的高性能膨润土，可以保证指甲油体系的稳定性，提高指甲油的亮度；香精的加入则使得指甲油芳香而有益于人体健康。

所述色料为普通颜料，可以根据颜色需要进行配色。色料还可以用珠光粉，带有不同的颜色，调配进指甲油中，别有一番效果。

产品应用 本品是一种可以实现光致变色的指甲油。

产品特性 本品加入了光致变色的化合物，可以在阳光的照射下变化为不同的色彩，产生新颖奇特的效果，而且光致变色化合物采用了微胶囊化的处理方法，使其分散性更好，得到的色调更加均匀，涂布到指甲上也更加牢固；增加了抗沉剂，使得本产品体系更为稳定均一；本产品的香精选择了植物香精，其他材料的选择也均为无苯、无甲醇、无甲醛材料，无毒环保，有益健康。

配方 4 护甲抗菌指甲油

原料配比

原料	配比(质量份)	
	1#	2#
橄榄油	25	30
牛油果提取液	15	20
凤仙花粉	3	8
椰壳粉	3	8
珠光粉	1	5
色料	1	2
乙酸丁酯	10	20
硝基纤维素	15	20

制备方法 将各组分原料混合均匀即可。

原料配伍 本品各组分质量份配比范围为：橄榄油 25～30，牛油果提取液 15～20，凤仙花粉 3～8，椰壳粉 3～8，珠光粉 1～5，色料 1～2，乙酸丁酯 10～20，硝基纤维素 15～20。

产品应用 本品是一种护甲抗菌指甲油。

产品特性 本品的原料易得、制法简单、成本低廉、使用操作方便，并且具有使用后无强烈的刺激性气味，对指甲伤害小等优点。

配方 5 护甲指甲油

原料配比

原料	配比(质量份)	
	1#	2#
丙酮	25	30
乙酸丁酯	10	20
硝基纤维素	15	20
樟脑	3	8
珠光粉	1	5
色料	1	2

制备方法 将各组分原料混合均匀即可。

原料配伍 本品各组分质量份配比范围为：丙酮 25～30，乙酸丁酯 10～20，硝基纤维素 15～20，樟脑 3～8，珠光粉 1～5，色料 1～2。

产品应用 本品是一种使用后对指甲伤害小的指甲油。

产品特性 本品原料易得、制法简单、成本低廉、使用操作方便，并且具有使用后无强烈的刺激性气味，对指甲伤害小等优点。

配方 6 环保水性指甲油

原料配比

原料	配比(质量份)			
	1#	2#	3#	4#
苯酞型隐色体染料	15	20	10	15
酚酞	0.2	0.3	0.1	0.2
碱缔合型增稠剂	1.5	2	1	1.5
醇酯十二成膜助剂	3	4	2	3
非硅酮矿物油系消泡剂	0.005	0.01	0.001	0.05
二甲基乙醇胺	0.25	0.3	0.2	0.2～0.3
流平剂	0.03	0.04	0.02	0.02～0.04
珠光粉	5	7	4	4～7
香精	0.3	0.5	0.1	0.1～0.5
稀释剂	7	8	6	6～8
去离子水	15	20	10	10～20

制备方法 将各组分原料混合均匀即可。

原料配伍 本品各组分质量份配比范围为：苯酞型隐色体染料 10～20，酚酞 0.1～0.3，碱缔合型增稠剂 1～2，醇酯十二成膜助剂 2～4，非硅酮矿物油系消泡剂 0.001～0.05，二甲基乙醇胺 0.2～0.3，流平剂 0.02～0.04，珠光粉 4～7，香精 0.1～0.5，稀释剂 6～8，去离子水 10～20。

所述稀释剂为乙醇、丙二醇、异丙醇的两种或两种以上。

产品应用 本品是一种附着力强、容易清除、毒性小的环保水性指甲油。

产品特性 本品成膜温度低（MFT 6℃），漆膜附着力好，涂饰指甲时干燥快速，清洗卸妆时操作简易，卸妆时在50～65℃的热水中浸泡约1min后，使用家庭常用的碱性肥皂即可清洗干净。本配方的主要原料属于水性体系，配方中不含有如丙酮、乙酸乙酯、二甲苯、香蕉水等有毒有机溶剂，涂饰时对指甲无伤害，无有毒溶剂挥发出来，不产生刺激性气味的气体。

配方 7 环保型冰裂纹指甲油

原料配比

原料		配比(质量份)		
		1#	2#	3#
水性丙烯酸树脂	DAITOSOL 3000SLPN-PE1	100	—	—
	AVALUREAC-120	—	100	100
有机硅消泡剂	D-Foam-R C 740	0.5	—	0.8
	THIX-108	—	1	—
聚二甲基硅氧烷		1	2	1.2
硅酸镁钠		10	3	7
巴斯夫苯氧乙醇抗菌剂		1	3	2
pH调节剂	乳酸	0.5	—	—
	碳酸氢钠	—	3	0.5
去离子水		16	19	25
水溶性颜料	汽巴染佳色一黄1916	—	9	—
	汽巴染佳色一红2817	—	—	11

制备方法 将各组分原料混合均匀即可。配方中各组分充分混合之后形成的指甲油，其pH值在6～8之间。

原料配伍 本品各组分质量份配比范围为：水性丙烯酸树脂100，有机硅消泡剂0.5～1，聚二甲基硅氧烷1～2，硅酸镁钠3～10，巴斯夫苯氧乙醇抗菌剂1～3，pH调节剂0～3，去离子水16～25，水溶性颜料0～10。

所述pH调节剂系乳酸或碳酸氢钠。

产品应用 本品是一种环保型冰裂纹指甲油。

使用方法：使用时可以直接涂抹于指甲表面，也可覆盖于原来的指甲油之上，通过冰裂纹露出指甲本色或者原有指甲油的颜色，形成独特的艺术效果。

使用之前需要清洁手指甲表面，去除表面的油污灰尘等影响指甲油附着的污物。无需去除指甲表面原有的指甲油。待指甲表面充分干燥之后，均匀涂刷上述水溶性裂纹指甲油。涂刷完成后，静待其自然干燥，不可采用吹风、甩动手指等做法加速干燥。在干燥过程中，由于应力产生较高的拉扯强度，逐渐形成均匀的错落交织的细裂纹，待完全干燥后即可呈现美丽的冰裂纹效果。如果采用吹风等方式加速干燥，将会导致裂纹太大而无法形成冰裂纹的独特效果。

产品特性 配方中选用有特殊性能的水溶性树脂，并通过添加 pH 调节剂控制成膜时漆膜内的 pH 值，使得水溶性冰裂纹指甲油既能在涂刷的指甲或指甲油表面产生冰裂纹的装饰效果，同时又能够成膜和达到保护表面的效果。通过调节配方，水溶性冰裂纹表面漆的树脂正好处在成膜和不成膜的中间状态，达到装饰性和保护性的平衡。独特的单体组成和核壳结构可以控制成膜条件，使水性漆膜在保证成膜连续性的同时形成冰裂纹的独特装饰效果，克服了普通裂纹漆由于裂纹过大，致使底层颜色暴露过多而导致的各种缺点。

配方 8 环保指甲油

原料配比

原料		配比(质量份)				
		1#	2#	3#	4#	5#
乳木果油		6.5	5	5.75	7.25	8
绿茶籽油		6	2	4	8	10
紫草素		3	1	2	4	5
醇类溶剂	乙醇	7	4	7	8	10
	正丁醇	7	4	7	8	10
	异丁醇	7	10	7	8	4
	正丙醇	7	4	7	8	10
	异丙醇	7	4	0	10	8
成膜剂	硝化纤维	1	1	0.5	0.5	0.5
	丙烯酸(酯)类共聚物	1	—	0.5	0.5	0.5
	乙酰柠檬酸三丁酯	—	—	0.5	0.5	0.5
	聚酰胺树脂	—	—	—	0.5	0.5
	聚氨醚树脂	—	—	—	0.5	—
	醇酸树脂	—	—	—	—	0.5
	聚乙烯醇	—	—	—	—	0.5
增塑剂	甘油	3	1	2	3	4
	丙二醇	3	3	2	3	4
增稠剂	膨润土	5.5	1	3	8	10
色料	CI 77289	1	1	1	1	2
	CI 77019	1	1	1	1	2
	CI 77491	1	1	1	1	2
	CI 77499	1	—	1	1	2
	CI 77891	1	—	—	2	—
防腐剂	苯氧乙醇	3	1	2	4	5
	1,2-己二醇	0.5	0.3	0.4	0.6	0.7
去离子水		加至 100	加至 100	加至 100	加至 100	加至 100

制备方法 将各组分原料混合均匀即可。

原料配伍 本品各组分质量份配比范围为：乳木果油 5～8，绿茶籽油 2～

10，紫草素1～5，醇类溶剂20～50，成膜剂1～3，增塑剂1～10，增稠剂3～8，色料1～8，防腐剂0.3～7，去离子水加至100。

所述醇类溶剂为乙醇、正丁醇、异丁醇、正丙醇、异丙醇中的至少一种。

所述成膜剂为硝化纤维、丙烯酸（酯）类共聚物、乙酰柠檬酸三丁酯、聚酰胺树脂、聚氨醚树脂、醇酸树脂、聚乙烯醇中的至少一种。

所述增塑剂为甘油、丙二醇中的至少一种。

所述增稠剂为膨润土。

所述色料为CI 77289、CI 77019、CI 77491、CI 77499、CI 77891中的至少一种。

所述防腐剂为苯氧乙醇、1,2-己二醇中的至少一种。

产品应用 本品是一种环保指甲油。

产品特性

（1）本产品易于涂抹，在指甲上的附着力强，不易掉色。

（2）本产品成膜快，且能在指甲上均匀成膜，膜韧性好，不仅可以美甲，还可作为指甲的保护层使用。

配方9 环保滋润型水性指甲油

原料配比

原料		配比(质量份)	
		1#	2#
聚乙烯醇		15	15
聚乙烯吡咯酮		10	5
水		70(体积)	70(体积)
羧甲基纤维素钠		0.1	0.05
甘油		3	2
白及提取液		5	4
薰衣草提取液		0.5	0.4
白芷提取液		0.5	0.4
百合提取液		0.5	0.4
维生素 B_1		0.1	0.05
维生素C		0.1	0.05
75%乙醇		5	4
尼泊金乙酯		0.1	0.2
3%乙二胺四乙酸二钠溶液		0.03	0.02
樱桃红珠光颜料		0.1	—
橘黄色色素		—	0.05
香精		0.2(体积)	0.5(体积)
白芷提取液	白芷	30	40
	第1次加水量	12	10
	第2次加水量	10	10
	第3次加水量	8	7
	滤液的体积浓缩至白及质量(倍)	6	3

续表

原料		配比(质量份)	
		1#	2#
白及提取液	白及	40	50
	第1次加水量	8	10
	第2次加水量	6	6
	第3次加水量	5	6
	滤液的体积浓缩至白及质量(倍)	4	5
薰衣草提取液	薰衣草	25	20
	第1次加水量	10	5
	第2次加水量	8	5
	薰衣草质量(倍)	5	5
百合提取液	百合	20	20
	第1次加水量	10	10
	第2次加水量	8	8
	第3次加水量	6	6
	滤液的体积浓缩至白及质量(倍)	5	4
	活性炭	4	4

制备方法

(1) 称取聚乙烯醇10～15g、聚乙烯吡咯酮1～10g，溶于50～80mL蒸馏水中，搅拌均匀，静置24h待其自然溶胀、溶解，升温至80～90℃，保温10～30min，加入羧甲基纤维素钠0.1～1g，直至溶胀完全，形成澄清透明的基质；

(2) 称取甘油1～5g、白及提取液1～5g、薰衣草提取液0.1～1g、白芷提取液0.1～1g、百合提取液0.1～1g、维生素B_1，0.1～0.5g、维生素C 0.1～0.5g，搅拌1～5min，混合均匀；

(3) 将步骤(2)所得混合溶液加入步骤(1)所得基质中，搅拌混合均匀；

(4) 用75%乙醇1～5g溶解尼泊金乙酯0.1～0.3g，配制成防腐剂溶液，加入步骤(3)所得溶液中，搅拌混合均匀；

(5) 取3%乙二胺四乙酸二钠溶液0.01～0.05g、珠光颜料或色素0.05～0.1g、香精0.1～1.3mL，加入步骤(4)混合溶液中，边加热边搅拌使其溶解，混合均匀，即得环保滋润型水性指甲油。

原料配伍 本品各组分质量份配比范围为：聚乙烯吡咯酮1～10，聚乙烯醇10～15，白及提取液1～5，羧甲基纤维素钠0.05～1，甘油1～5，75%乙醇1～5，维生素B_1 0.05～0.5，维生素C 0.05～0.5，薰衣草提取液0.1～1，白芷提取液0.1～1，百合提取液0.1～1，樱桃红珠光颜料或橘黄色色素0.05～

0.1，3%乙二胺四乙酸二钠溶液 0.01～0.05，尼泊金乙酯 0.1～0.3，香精 0.1～1.3（体积），水 50～80（体积）。

所述的白芷提取液通过以下方法制备：称取白芷适量，浸泡 0.15～1h，加热至 90～100℃，煎煮提取 3 次，第 1 次加 6～12 倍量水，提取 0.5～2h，第 2 次加 4～10 倍量水，提取 0.5～1.5h，第 3 次加 3～8 倍量水，提取 0.5～1.5h，每次滤过，合并滤液，滤液的体积浓缩至白及质量的 3～6 倍，过滤即得白芷提取液。

所述的薰衣草提取液通过以下方法制备：称取薰衣草适量，于 90～100℃提取 2 次，第 1 次加 5～25 倍水量，提取 0.5～2h，第 2 次用 5～20 倍水量，提取 0.5～2h，每次用 3 层纱布滤过，合并滤液，加热浓缩至薰衣草质量的 5～20 倍，即得薰衣草提取液。

所述的百合提取液通过以下方法制备：称取百合适量，浸泡 0.5～1h，加热至 90～100℃，煎煮提取 3 次，第 1 次加 10～15 倍量水，提取 0.5～2h，第 2 次加 8～12 倍量水，提取 0.5～1.5h，第 3 次加 6～10 倍量水，提取 0.5～1.5h，每次滤过，合并滤液，滤液的体积浓缩至百合质量的 4～7 倍，加液体质量 1%～5%活性炭，80～100℃水浴加热搅拌，抽滤，取滤液，即得百合提取液。

所述的珠光颜料或色素的颜色为樱桃红、橘黄色。

产品应用 本品是一种含天然成分提取物的环保滋润型水性指甲油。

产品特性 本品以纯水作为溶剂，环保材料作为成膜材料，并添加了植物成分，包括白及、百合、白芷、维生素 B_1、维生素 C、薰衣草等，对指甲有滋养作用。

配方 10 具有香味的指甲油

原料配比

原料		配比(质量份)		
		1#	2#	3#
成膜物质	玛蒂树胶	20	—	—
	松香	—	30	—
	达玛树脂	—	—	36
挥发性溶剂	乙醇、异丙醇	45	—	—
	异丁醇	—	55	—
	聚氨酯树脂和乙酸纤维素	—	—	45

续表

原料		配比(质量份)		
		1#	2#	3#
保湿剂	甘油、丙二醇	5	—	—
	丙三醇、丁二醇	—	0.5	—
	白矿油、尿素、芦荟提取物、松节油	—	—	8
精油		0.2	0.5	0.8
天然植物	薰衣草	19.8	—	—
	玫瑰花	—	14	—
	菊花	—	—	10.2

制备方法

(1) 将成膜物质粉碎至100~300目粒度;

(2) 按质量份,将粉碎的成膜物质加入挥发性溶剂中,以100~300r/min的分散速度分散均匀,得到混合物料;

(3) 将混合物料室温下静置36~56h;

(4) 按质量份,在混合物料中加入保湿剂,以400~600r/min的分散速度分散3~5min,混合物料中加入保湿剂之前,混合物料需用200目尼龙纱布进行过滤;

(5) 加入精油,以400~600r/min的分散速度分散3~5min,静置至消泡完毕。

原料配伍 本品各组分质量份配比范围为:成膜物质20~40,挥发性溶剂45~60,保湿剂0.5~8,精油0.2~0.8,天然植物10~20。

所述成膜物质为玛蒂树胶、松香、达玛树脂中的至少一种。

所述天然植物为薰衣草、玫瑰花、菊花中的至少一种。

所述挥发性溶剂包括乙醇、异丙醇,异丁醇,聚氨酯树脂和乙酸纤维素中的一种或多种。

所述保湿剂包括甘油、丙二醇,丙三醇、丁二醇,白矿油、尿素、芦荟提取物、松节油中的至少一种。

产品应用 本品是一种具有香味的指甲油。

产品特性

(1) 制备材料选自纯天然植物、药物及天然生物分泌物,带有沁人香味,制备工艺简单,无污染,上色快,低刺激。

(2) 本产品的成膜物质基于天然生物分泌物,如玛蒂树胶、松香、达玛树脂,长期使用不会对人体有毒害作用,不含邻苯二甲酸酯类增塑剂。

(3) 所述挥发性溶剂包括乙醇、异丙醇,异丁醇,聚氨酯树脂和乙酸纤维素中的一种或多种，刺激性低，安全性高。

（4）添加天然100%纯度精油，如当归精油、广藿香精油、乳香精油、没药精油，促进血液循环、细胞增生、新陈代谢，起到杀菌消炎、消肿抗炎的作用，令指甲生长速度加快，指甲油成膜的甲面更加强健坚固。

（5）本产品为水样质地，用毛刷刷涂在甲面上，室温下表干时间在1min以内，成膜表面平整，光泽在80°以上，对甲面有较优良的附着力，操作过程中无明显刺激性气味，并带有天然精油的清香味，成膜快速，光泽优良，单独使用即可快速轻松美甲，同时养护指甲。

（6）该指甲油单独使用，可发挥健甲护甲作用；同时本产品的成膜物质与指甲面黏合作用优良，可以作为底油使用。该指甲油不含任何酸性添加剂，直接刷涂在甲面上不会对甲面有酸蚀作用；作为底油在其面上刷涂光疗胶，可以在美甲的同时进行养甲。

配方 11　抗菌护理型指甲油

原料配比

原料		配比(质量份)		
		1#	2#	3#
水溶性成膜物质		0.1	10	8
天然成膜物质	玛蒂树胶、山达胶	25	—	—
	松香、虫胶	—	30	—
	虫胶、达玛树脂	—	—	25
挥发性溶剂	乙醇、异丙醇	65	—	—
	异丁醇、聚氨酯树脂	—	55	—
	聚氨酯树脂和乙酸纤维素	—	—	60
保湿剂	甘油、丙二醇、丙三醇	4.9	—	—
	丁二醇、白矿油、尿素	—	1	—
	芦荟提取物、松节油	—	—	2
抗真菌剂	环吡酮或其盐、咪康挫或其盐	5	—	—
	咪康挫或其盐	—	4	—
	阿莫罗芬或其盐和特比萘芬或其盐	—	—	5

制备方法

（1）将天然成膜物质粉碎至100～300目粒度；

（2）按质量份，将粉碎的天然成膜物质加入挥发性溶剂中，以100～300r/min的分散速度分散均匀，得到混合物料；

（3）将混合物料室温下静置36～56h；

（4）按质量份，在混合物料中加入保湿剂，水溶性成膜物质和抗真菌剂，以400～600r/min的分散速度分散3～5min。混合物料中加入保湿剂之前，混合物料需用200目尼龙纱布进行过滤。

原料配伍 本品各组分质量份配比范围为：水溶性成膜物质0.1～10，天然成膜物质15～30，挥发性溶剂40～65，保湿剂0.5～8，抗真菌剂3～5。

所述的天然成膜物质为玛蒂树胶、山达胶、松香、虫胶、达玛树脂中的至少一种。

所述保湿剂包括甘油、丙二醇、丙三醇、丁二醇、白矿油、尿素、芦荟提取物、松节油中的至少一种。

所述挥发性溶剂包括乙醇、异丙醇、异丁醇、聚氨酯树脂和乙酸纤维素中的一种或多种。

所述抗真菌剂为环吡酮或其盐、咪康挫或其盐、阿莫罗芬或其盐和特比萘芬或其盐中的一种或多种。

产品应用 本品是一种抗菌护理型指甲油。

产品特性

（1）促进血液循环、细胞增生、新陈代谢，起到杀菌消炎、消肿抗炎的作用，令指甲生长速度加快，指甲油成膜的甲面更加强健坚固。

（2）本产品的指甲油，成膜物质基于天然生物分泌物，如玛蒂树胶、山达胶、松香、虫胶等，长期使用不会对人体有毒害作用，不含邻苯二甲酸酯类增塑剂。

（3）本产品成膜的挥发性溶剂为乙醇、异丙醇等，无任何其他溶剂，如乙酸乙酯、乙酸丁酯、丙酮、二甲苯等，刺激性低，安全性高。

（4）本产品的指甲油为水样质地，用毛刷刷涂在甲面上，室温下表干时间在1min以内，成膜表面平整，光泽在80°以上，对甲面有较优良的附着力，操作过程中无明显刺激性气味，并带有天然精油的清香味，成膜快速，光泽优良，单独使用即可在快速轻松美甲同时养护指甲。

配方12 可变色的荧光指甲油

原料配比

原料	配比(质量份)		
	1#	2#	3#
乙酸乙酯	11	13	15
乙酰柠檬酸三丁酯	3	5	6
酞酸醇树脂	2	5	7
荧光粉	6	7	9
变色粉	11	12	13
UV光油	5	6	8
水杨酸苯酯	3	4	5

续表

原料	配比(质量份)		
	1#	2#	3#
珠光粉	1	2	3
丙酮	6	8	10
乙酸丁酯	3	5	6
硝基纤维素	8	10	11
乙醇	3	5	7
甘油	7	7.5	8

制备方法 将各组分原料混合均匀即可。

原料配伍 本品各组分质量份配比范围为：乙酸乙酯11～15，乙酰柠檬酸三丁酯3～6，酞酸醇树脂2～7，荧光粉6～9，变色粉11～13，UV光油5～8，水杨酸苯酯3～5，珠光粉1～3，丙酮6～10，乙酸丁酯3～6，硝基纤维素8～11，乙醇3～7，甘油7～8。

产品应用 本品是一种可变色的荧光指甲油。

产品特性 本品色泽亮丽，可变色，抗裂能力强，经济性好，易干，无刺激性气味。

配方13 裂纹芳香指甲油

原料配比

原料	配比(质量份)	
	1#	2#
岩兰草精油	4	2
百里香精油	1	2
留兰香精油	3	2
红花籽油	5	7
淀粉	2	2
乙酸丁酯	15	20
乙酸乙酯	15	20
棕榈酸乙基己酯	15	15
乙醇	15	15
甲硅烷基化硅石	10	10

制备方法 将各组分原料混合均匀即可。

原料配伍 本品各组分质量份配比范围为：岩兰草精油2～4，百里香精油1～3，留兰香精油1～3，红花籽油5～8，淀粉1～2，乙酸丁酯15～20，乙酸乙酯15～20，棕榈酸乙基己酯15～20，乙醇15～20，甲硅烷基化硅石10～15。

产品应用 本品是一种裂纹芳香指甲油。

产品特性 本品由特殊溶剂组配而成，让指甲油涂布于指甲上时，透过溶剂之间特性不同所产生的收缩拉力，待自然干燥后可自行产生不规则龟裂的特殊纹路造型；而且每次涂布指甲油所产生龟裂状态的特殊纹路皆不相同，大幅提升了指甲油的美观装饰效果，同时没有刺激性气味，有独特香味。

配方 14　裂纹防褪色指甲油

原料配比

原料	配比(质量份)
乙酸乙酯	20
乙酸丁酯	10
硝化纤维	5
乙烯柠檬酸三丁酯	5
太酸醇树脂	5
司拉氯铵水	2
硅石	10
非晶型聚乳酸树脂	5
水性聚氨酯树脂	10
乙酸丁酯	10
乙酸乙烯-丁烯酸-支链癸酸乙烯酯共聚物	14
骨胶原	3
染色剂	1

制备方法　将各组分原料混合均匀即可。

原料配伍　本品各组分质量份配比为：乙酸乙酯 20，乙酸丁酯 10，硝化纤维 5，乙烯柠檬酸三丁酯 5，太酸醇树脂 5，司拉氯铵水 2，硅石 10，非晶性聚乳酸树脂 5，水性聚氨酯树脂 10，乙酸丁酯 10，乙酸乙烯-丁烯酸-支链癸酸乙烯酯共聚物 14，骨胶原 3，染色剂 1。

所述的非晶型聚乳酸树脂由玉米提炼而成。

所述的染色剂包括：黑氧化铁、黄色 5 号色料、红色 7 号色料、普鲁士蓝、二氧化钛中的一种或几种。

所述的太酸醇树脂为包括邻苯二甲酸酐、偏苯三酸酐以及苯二甲酸中的一种或几种。

产品应用　本品是一种裂纹防褪色指甲油。

产品特性　通过指甲油组分中的不同组分的不同配比，由组分之间的特性不同产生不同的收缩拉力，待自然干燥后可自行产生不规则裂纹，造型别致，深受喜爱。

配方 15　绿色环保指甲油

原料配比

原料	配比(质量份)		
	1#	2#	3#
水性自交联丙烯酸酯乳液	65	90	75
硬脂酸钠	0.7	1	—
硬脂酸锌	—	—	1
脂肪酸聚氧乙烯醚	0.6	1	0.8
聚氨酯类增稠流平剂	3	5	4
消泡剂	0.1	0.2	0.2
聚丙烯酸钠	0.05	0.15	0.1
防冻剂	1.1	2.6	2
铁系颜料与香精	6.5	—	—
酞菁系颜料与精油	—	9	9
水	3	15	15

制备方法

(1) 首先把硬脂酸钠或硬脂酸锌在搅拌的情况下加入水性自交联丙烯酸酯乳液中，添加水和研磨好的颜料色浆后，加入相应的表面活性剂；

(2) 然后加入聚氨酯类增稠流平剂以及其他组分；

(3) 最后计量包装。

原料配伍　本品各组分质量份配比范围为：水性自交联丙烯酸酯乳液65～90，硬脂酸钠或硬脂酸锌 0.7～1，非离子型表面活性剂（脂肪酸聚氧乙烯醚）0.6～1，聚氨酯类增稠流平剂 3～5，消泡剂 0.1～0.2，聚丙烯酸钠 0.05～0.15，防冻剂 1.1～2.6，颜料与植物色素 6.5～9，水 3～15。

所述的非离子型表面活性剂为脂肪酸聚氧乙烯醚。

所述的颜料选自铁系颜料或酞菁系颜料。

所述的植物色素选自香精或精油。

产品应用　本品是一种绿色环保指甲油。

产品特性　本品以水性自交联丙烯酸酯乳液作为基料，减少了成膜助剂的用量，提高了涂层的强度，使得产品自身耐水性好、成膜性好、耐久性好，同时是水性的，比较环保；非离子型表面活性剂提高了水性指甲油在指甲上的附着力以及使得各组分之间产生了较好的协同效应，制得的指甲油在干燥时间、附着力和耐水性三方面表现优异。

配方 16　耐水水性指甲油

原料配比

原料	配比(质量份)	原料	配比(质量份)
聚氨酯	70	有机硅消泡剂	2.1
聚丙烯酸	30	立索红	3
二丙二醇丁醚	1.5	二丙二醇甲醚	2

续表

原料	配比(质量份)	原料	配比(质量份)
瓜尔胶	6	聚酰胺蜡粉	0.6
聚乙烯醇	1.4	去离子水	加至100
二氧化钛	3	纳米二氧化硅	6
蓖麻油	2.5	石蜡	1.2

制备方法

(1) 按配方中组分质量份数配比，将聚氨酯和聚丙烯酸聚合形成聚合物；

(2) 按配方中组分质量份数配比，将流变助剂、醇溶性成膜剂、保护剂和有机硅消泡剂依次加入至占1/2配方量的去离子水中，搅拌使之完全溶解得到混合物；

(3) 将步骤(1)中的聚合物以及按配方中组分质量份数配比的色浆以及余下去离子水添加入步骤(2)的混合物中，搅拌20min即制得产品。

原料配伍 本品各组分质量份配比范围为：聚丙烯酸20～40，聚氨酯60～80，二丙二醇丁醚1～3，瓜尔胶4～8，聚乙烯醇1～5，二氧化钛2～5，蓖麻油2～5，有机硅消泡剂2～4，立索红2～5，二丙二醇甲醚1～3，聚酰胺蜡粉0.4～0.8，纳米二氧化硅4～7，石蜡1～2，去离子水加至100。

产品应用 本品是一种耐水水性指甲油。

产品特性 本品具有优良的弹性和防水性，涂抹在指甲上时不容易被剥离或者自动脱落，使用时色泽亮丽鲜艳。除此之外，本品的各原料组分之间能够发挥协同作用，其组合增效为：通过聚丙烯酸改性聚氨酯以及聚乙烯醇和二丙二醇丁醚，使得指甲油涂抹在指甲上形成的薄膜的防水性达到最佳，使用者在水溶液环境中工作时，指甲油不会溶于水而从指甲上脱落；通过丝素蛋白，纳米级的纳米二氧化硅和纳米级的二氧化钛提高了薄膜的弹性等其他力学性能，因此指甲油不容易被磨损；通过瓜尔胶、聚酰胺蜡粉等作用于指甲油，与上述的协同作用使得指甲油的防水性能达到最佳。

配方17 水溶性指甲油

原料配比

原料	配比(质量份)		
	1#	2#	3#
丙烯酸乳液	20	25	30
水性丙烯酸树脂	20	30	40
二氧化钛	0.2	1	2
二氧化硅	0.1	0.5	1
亚油酸	0.025	0.25	0.5
亚麻酸	0.075	0.75	1.5

续表

原料	配比(质量份)		
	1#	2#	3#
单硬脂酸甘油酯	0.1	1.5	3
甘油	0.4	1	1.6
尿素	0.6	1.5	2.4
聚二甲基硅氧烷	0.1	1	2
青兰苷	0.2	0.6	1
紫草素	0.2	0.6	1
芦荟大黄素	0.6	1.8	3
植物颜料	1	5.5	10
香精	0.1	0.3	0.5
水	56.3	28.7	0.5

制备方法

(1) 将丙烯酸乳液和水性丙烯酸树脂加入水中搅拌均匀，搅拌 10～20min，得混合物料 A；

(2) 向步骤 (1) 所得混合物料 A 中加入单硬脂酸甘油酯、纳米氧化物和干性油，以 550r/min 的转速搅拌 20～30min，得混合物料 B；

(3) 向步骤 (2) 所得混合物料 B 中加入保湿剂、抗菌剂、植物颜料和聚二甲基硅氧烷，搅拌均匀，再加入香精，搅拌 5～10min，即得。

原料配伍 本品各组分质量份配比范围为：丙烯酸乳液 20～30，水性丙烯酸树脂 20～40，纳米氧化物 0.3～3，干性油 0.1～2，单硬脂酸甘油酯 0.1～3，保湿剂 1～4，聚二甲基硅氧烷 0.1～2，抗菌剂 1～5，植物颜料 1～10，香精 0.1～0.5 和水 0.5～56.3。

所述纳米氧化物由二氧化钛与二氧化硅按质量比 2∶1 组成。

所述干性油由亚油酸与亚麻酸按质量比 1∶3 组成。

所述保湿剂由甘油与尿素按质量比 2∶3 组成。

所述抗菌剂由青兰苷、紫草素与芦荟大黄素按质量比 1∶1∶3 组成。

产品应用 本品是一种水溶性指甲油。

产品特性

(1) 本品配伍科学合理，各组分相互作用，协同起增强硬度、附着力及杀菌消炎的作用。

(2) 本品不仅具有较好的硬度和附着力，还能够杀菌消炎。同时，本品环保安全，对人体无伤害。

配方 18　水性可剥指甲油

原料配比

原料		配比(质量份)		
		1#	2#	3#
可剥离型水性聚氨酯分散体	Sancure1073C	90	—	83
	Sancure 898	—	80	—
成膜助剂	二丙二醇甲醚(DOW)	2	—	—
	丙二醇三甲醚(DOW)	—	3	—
	二丙二醇苯醚(DOW)	—	—	2
水性润湿分散剂	W-518(DEUCHEM)	—	0.4	—
	FX600(DEUCHEM)	—	—	0.4
水性基材润湿剂	W-469(DEUCHEM)	—	0.5	0.5
	W-461(DEUCHEM)	0.6	—	—
去离子水		5.4	5.6	5.6
流变助剂	RM8W(DOW)	0.5	0.5	1
	RW2020(DOW)	1.5	2	1.5
水性色浆及珠光粉	4254-SA(科迪)	—	8	—
	KC302(坤彩)	—	—	6

制备方法　在转速 400～500r/min 下，加入可剥离型水性聚氨酯分散体，以 2～5L/h 的速度缓慢添加成膜助剂，分散 10～20min 后加入水性润湿分散剂、水性基材润湿剂及去离子水，继续分散 10～15min 后再添加水性色浆及珠光粉，搅拌均匀后用流变助剂调整黏度至 70～90KU，用 200 目滤网过滤、包装。

原料配伍　本品各组分质量份配比范围为：可剥离型水性聚氨酯分散体 80～93，成膜助剂 2～5，水性润湿分散剂 0.1～0.4，水性基材润湿剂 0.1～0.6，去离子水 2～6，水性色浆及珠光粉 0～8，流变助剂 1～3。

所述成膜助剂为二丙二醇甲醚，二丙二醇丁醚，丙二醇甲醚，二丙二醇苯醚中的一种或几种。

所述水性润湿分散剂为阴离子型聚丙烯酸盐类、聚羧酸盐类的一种或几种。

所述水性基材润湿剂为改性聚硅氧烷类。优选德谦 W-461，W-469。

所述流变助剂为提供中高剪切黏度的缔合型聚氨酯类增稠剂。优选陶氏 RM8W、RM2020。

所述水性色浆及珠光粉均为市售国产或进口产品。特别优选科迪水性色浆

4254-SA 等，坤彩的金色系列 KC302 等。

所述的可剥离型水性聚氨酯分散体为市售国产或进口产品。特别是优选进口 Lubrizol 公司聚氨酯分散体，如 Sancure1073C，Sancure898。

产品应用 本品是一种水性可剥指甲油。

产品特性 本品是用可剥离型水性聚氨酯分散体树脂作为指甲油的成膜物质，由于该类水性聚氨酯分散体特殊的结构，其可以整片成膜可剥离而不会撕碎，应用于水性指甲油，对指甲无伤害，健康环保，并且可随时剥离并更换其他颜色指甲油，更受消费者喜爱。在手指甲上可作为日抛型指甲油使用，在脚趾甲上可保持 7 天以上不脱落，附着力优异。达到可剥离和附着力上的平衡。

配方 19 速干指甲油

原料配比

原料	配比(质量份)	原料	配比(质量份)
水	17	氨基树脂	6
色素	5	稀释剂	3
硝基纤维素	5	氟化钙	3
香精	3		

制备方法 将所述质量份数的色素、硝基纤维素、香精、氨基树脂、稀释剂、氟化钙加入水中搅拌均匀即可。

原料配伍 本品各组分质量份配比范围为：水 15～25，色素 3～8，硝基纤维素 5～10，香精 1～5，氨基树脂 3～9，稀释剂 1～5，氟化钙 2～5。

所述水优选去离子高纯水，纯净无污染。

所述香精优选薰衣草提取物。

所述色素为金樱子棕、紫草素或决明子红色素。

产品应用 本品是一种速干指甲油。

产品特性 本品对人体皮肤无伤害，无残留，选用生物高分子新材料，与指甲蛋白成分亲和更好；先进成膜技术，树脂粒径达到纳米级，均匀分散到水性体系中，成膜更平滑、更亮，成膜硬而韧；涂抹后能快速风干，不会因为手部不小心的动作影响指甲油涂抹的效果。

配方 20 提亮光泽指甲油

原料配比

原料	配比(质量份)		
	1#	2#	3#
去离子水	50	70	100
己酸	2	4	5

续表

原料	配比(质量份)		
	1#	2#	3#
硝化纤维素	13	15	17
乙醇	10	12	15
月桂酸酯	11	14	16
凤仙花色素	21	25	28
丙酮	14	17	20
乙酸乙酯	4	6	8
当归提取液	7	8	9
维生素 A	5	7	10
樟脑油	5	8	10
乙酸丁酯	12	13	15
硝基纤维素	6	7	9
酐酸二辛酯	7	8	9
水杨酸苯酯	1	2	3
硅石	8	10	11
N-二甲基甲酰胺	4	6	7
柠檬烯	4	5	7

制备方法 将各组分原料混合均匀即可。

原料配伍 本品各组分质量份配比范围为：去离子水 50～100，己酸 2～5，硝化纤维素 13～17，乙醇 10～15，月桂酸酯 11～16，凤仙花色素 21～28，丙酮 14～20，乙酸乙酯 4～8，当归提取液 7～9，维生素 A 5～10，樟脑油 5～10，乙酸丁酯 12～15，硝基纤维素 6～9，酐酸二辛酯 7～9，水杨酸苯酯 1～3，硅石 8～11，*N*-二甲基甲酰胺 4～7，柠檬烯 4～7。

产品应用 本品是一种易于擦除、具有香味、不刺激皮肤、效果持久、颜色光亮、效果持久的提亮光泽指甲油。

产品特性 本品能很好地维护指甲，使指甲光亮、坚硬，而且使用方便、易于擦除、具有香味、不刺激皮肤、效果持久。

配方 21 甜橙提取物复配环保指甲油

原料配比

原料	配比(质量份)		
	1#	2#	3#
甜橙提取物	15	40	25
丙烯酸类共聚物	40	15	30
乙醇	15	40	30
苯甲醇	5	1.5	2
硅油	5	1.5	3
食用大豆油	10	1	5
异丁醇	10	1	5

制备方法 将各组分原料混合均匀即可。

原料配伍 本品各组分质量份配比范围为：甜橙提取物15～40，丙烯酸类共聚物10～40，乙醇10～40，苯甲醇1～5，硅油1～5，食用大豆油1～10，异丁醇1～10。

所述丙烯酸类共聚物为丙烯酸、丙烯酸酯单体共聚物或丙烯酸-丙烯酸酯共聚物。

产品应用 本品是一种甜橙提取物复配环保指甲油。

产品特性 本品配方中加入丙烯酸类共聚物，用以提高胶黏剂的粘接强度及稳定性；本品中采用大量乙醇、少量苯甲醇结合，具有低的VOC含量、对指甲没有腐蚀、不污染环境，同时，添加甜橙提取物和硅油，对指甲起到油润保护作用，使得涂在指甲上的指甲油色泽更鲜艳，持久力更强。

配方22 光致变色指甲油

原料配比

原料	配比(质量份)		
	1#	2#	3#
乙酸乙酯	5	10	8
乙酸丁酯	15	20	18
硝化纤维素	10	15	13
氨基树脂	3	5	4
色料	—	5	3
香精	0.1	1.5	1
樟脑	3	5.5	4
光致变色原粉	0.5	5	3

制备方法

(1) 先将乙酸乙酯和乙酸丁酯按照配方比例混合后搅拌均匀，边搅拌边加入硝化纤维素，并继续以1200r/min转速搅拌5min；

(2) 然后加入氨基树脂、樟脑、香精，并继续以1200r/min转速搅拌5min，加入色料及光致变色原粉，1200r/min搅拌15min，至颜色均匀，过200目筛，即可得到所述指甲油。

原料配伍 本品各组分质量份配比范围为：乙酸乙酯5～10，乙酸丁酯15～20，硝化纤维素10～15，氨基树脂3～5，色料0～5，香精0.1～1.5，樟脑3～5.5，光致变色原粉0.5～5。

所述香精为植物香精。

所述色料为普通颜料。

产品应用 本品是一种可以实现光致变色的指甲油。

产品特性

（1）所述指甲油的配方中的乙酸乙酯和乙酸丁酯作为活性溶剂使用，用来溶解其他物质；硝化纤维素作为一种成膜剂，可以在涂布后在指甲表面形成一层膜，同时它的流动性保证了指甲油在容器中呈现流动态；樟脑作为增塑剂使用；氨基树脂的加入可以使得硝化纤维素膜更具有柔韧性；植物香精的加入则使得指甲油芳香而天然、有益于人体健康。

（2）本品是一种新型光致变色指甲油，加入了光致变色化合物原粉，可以在阳光的照射下变化为不同的色彩，产生新颖奇特的效果，而且直接加入光致变色化合物原粉，分散性更好，得到的色调更加均匀，涂布到指甲上也更加牢固，相对原来的微胶囊化光致变色粉，颜色明亮；本品的香精选择了植物香精，无毒环保，有益健康。

配方 23　易清洗指甲油

原料配比

原料	配比(质量份)		
	1#	2#	3#
去离子水	60	75	90
乙酸乙酯	11	15	19
硝基纤维素	1	2	3
三乙醇胺	7	11	14
硅石	4	6	8
乙酰柠檬酸三丁酯	3	6	9
凤仙花粉	9	11	12
酞酸醇树脂	4	6	8
荧光粉	11	12	14
邻苯二甲酸二丁酯	4	6	7
UV 光油	15	20	25
氯化钠	5	7	8
乙酸乙酯	3	4	6
水性聚氨酯树脂	16	21	24
水性硝化棉	12	14	16
柠檬酸乙酰三丁酯	6	7	8
羧甲基纤维素	7	8	10
薰衣草精油	8	10	12

制备方法　将各组分原料混合均匀即可。

原料配伍　本品各组分质量份配比范围为：去离子水 60～90，乙酸乙酯 11～19，硝基纤维素 1～3，三乙醇胺 7～14，硅石 4～8，乙酰柠檬酸三丁酯 3～9，凤仙花粉 9～12，酞酸醇树脂 4～8，荧光粉 11～14，邻苯二甲酸二丁酯 4～7，UV 光油 15～25，氯化钠 5～8，乙酸乙酯 3～6，水性聚氨酯树脂 16～24，水性硝化棉 12～16，柠檬酸乙酰三丁酯 6～8，羧甲基纤维素 7～10，薰衣草精油 8～12。

产品应用 本品是一种环保的具有淡淡的清香味的指甲油，对指甲伤害小，闪亮持久，防褪色，清洗方便。

产品特性 本品抗水、耐磨、防褪色，涂抹以后可以增加美感，更重要的是对指甲本身具有保养作用，可使指甲保持红润光泽，使用自来水就可对指甲油进行有效洁净的清理。

配方 24 易于清洗的指甲油

原料配比

原料	配比(质量份)		
	1#	2#	3#
硝化纤维素	12	16	18
丙酮	12	18	22
硅石	6	9	12
乙酸乙酯	16	19	23
人参提取液	6	8	10
氨基树脂	8	10	12
玫瑰香精	2	3	4
硝基纤维素	10	14	16
维生素 A	9	10	11
鱼肝油	2	3	4
珠光粉	3	4	5
樟脑	4	5	6
乙醇	5	6	7
醇酸树脂	11	12	14
乙酸丁酯	9	10	11
抗氧化剂	2	3	4
薰衣草提炼物	3	4	6
去离子水	30	40	50

制备方法 将各组分原料混合均匀即可。

原料配伍 本品各组分质量份配比范围为：硝化纤维素 12～18，丙酮 12～22，硅石 6～12，乙酸乙酯 16～23，人参提取液 6～10，氨基树脂 8～12，玫瑰香精 2～4，硝基纤维素 10～16，维生素 A 9～11，鱼肝油 2～4，珠光粉 3～5，樟脑 4～6，乙醇 5～7，醇酸树脂 11～14，乙酸丁酯 9～11，抗氧化剂 2～4，薰衣草提炼物 3～6，去离子水 30～50。

产品应用 本品是一种易于清洗的指甲油。

产品特性 本品能很好维护指甲，使指甲光亮、坚硬，而且使用方便、易于擦除、具有香味、不刺激皮肤、效果持久。

配方 25 荧光变色指甲油

原料配比

原料	配比(质量份)	
	1#	2#
乙酸乙酯	10	20
三乙醇胺	5	15
乙酰柠檬酸三丁酯	10	10
酞酸醇树脂	15	15
荧光粉	15	15
变色粉	15	10
UV 光油	10	10
香精	1	1
乙酸乙酯	加至 100	加至 100

制备方法 将各组分原料混合均匀即可。

原料配伍 本品各组分质量份配比范围为：乙酸乙酯 10～20，三乙醇胺 5～15，乙酰柠檬酸三丁酯 1～10，酞酸醇树脂 1～15，荧光粉 10～15，变色粉 10～15，UV 光油 10～30，香精 0.5～1，余量为乙酸乙酯。

产品应用 本品是一种荧光变色指甲油。

产品特性 本品能够同时达到变色和夜间显色效果，在光照或温度改变的情况下可以实现变化成不同的颜色。

配方 26 长效环保指甲油

原料配比

原料	配比(质量份)		
	1#	2#	3#
去离子水	40	65	80
竹炭	4	6	8
硝化纤维素	15	17	18
吐温 80	3	5	7
苯甲醇	4	7	9
苯甲酸	6	8	10
酚酞	2	3	4
碱缔合型增稠剂	1	2	3
醇酯十二成膜助剂	3	5	6
樟脑	3	4	5
非硅酮矿物油系消泡剂	1	2	3
乙酸乙酯	7	9	11
二甲基乙醇胺	2	5	7
珠光粉	5	8	10

制备方法 将各组分原料混合均匀即可。

原料配伍 本品各组分质量份配比范围为：去离子水 40～80，竹炭 4～8，硝化纤维素 15～18，吐温 80 3～7，苯甲醇 4～9，苯甲酸 6～10，酚酞 2～4，碱缔合型增稠剂 1～3，醇酯十二成膜助剂 3～6，樟脑 3～5，非硅酮矿物油系消泡剂 1～3，乙酸乙酯 7～11，二甲基乙醇胺 2～7，珠光粉 5～10。

产品应用 本品是一种长效环保指甲油。

产品特性

（1）本品漆膜附着力好，涂饰指甲时干燥快速，清洗卸妆时操作简易，卸妆时在 50～65℃的热水中浸泡约 1min 后，使用肥皂即可清洗干净。

（2）本产品组分简单，生产成本低，附着力强，容易清除，且对人体无毒无害。

配方 27 长效指甲油

原料配比

原料	配比(质量份)		
	1#	2#	3#
丙酮	10	20	30
乙酸乙酯	13	25	35
氨基树脂	7	12	15
玫瑰香精	5	7	8
硝基纤维素	9	13	17
维生素 A	7	10	12
鱼肝油	5	6	8
人参提取液	3	4	5
珠光粉	2	5	6

制备方法 按上述质量份数的原料配比，依次将丙酮、乙酸乙酯、氨基树脂、玫瑰香精、硝基纤维素、维生素 A、鱼肝油、人参提取液、珠光粉加入容器中溶解，搅拌 2h，滤除渣料，得溶液，即为长效指甲油。

原料配伍 本品各组分质量份配比范围为：丙酮 10～30，乙酸乙酯 10～35，氨基树脂 7～15，玫瑰香精 5～8，硝基纤维素 9～17，维生素 A 7～12，鱼肝油 5～8，人参提取液 3～5，珠光粉 2～6。

产品应用 本品是一种易于擦除、防晒、具有香味、不刺激皮肤、使用方便的长效指甲油。

产品特性

（1）本品能很好维护指甲，使指甲光亮、坚硬，而且使用方便，有香味，价格合适，涂抹以后时间长效。

（2）本品无毒，无刺激性气味，对指甲无害，对环境无污染。

配方 28　闪光指甲油

原料配比

原料	配比(质量份)			
	1#	2#	3#	4#
乙酸乙酯	10	20	15	10
三乙醇胺	5	15	10	10
硝基纤维素	0.1	2	1	1
氨基树脂	1	1	5	8
玫瑰香精	—	0.1	—	—
薰衣草香精	0.1	—	—	—
茉莉香精	—	—	1	—
檀香油香精	—	—	—	1
樟脑	1	1	2	1
发光粉	10	10	20	20
硬脂酸	1	1	4	3
苯乙醇	1	1	5	6
邻苯二甲酸二丁酯	1	1	5	8
乙醇	加至 100	加至 100	加至 100	加至 100

制备方法　将各组分原料混合均匀即可。

原料配伍　本品各组分质量份配比范围为：乙酸乙酯 10～20，三乙醇胺 5～15，硝基纤维素 0.1～2，氨基树脂 1～8，香精 0.1～1，樟脑 1～3，发光粉 10～30，硬脂酸 1～5，苯乙醇 1～15，邻苯二甲酸二丁酯 1～10，乙醇加至 100。

所述发光粉是钙、钡、锶、镉、锌的硫化物加入微量的氯化铜、氯化钴、氯化钠等活化剂经高温煅烧而成。

所述香精为薰衣草香精、玫瑰香精、茉莉香精、檀香油香精中的任意一种。

产品应用　本品是一种闪光指甲油。

产品特性　本品环保，具有香味，且有很好的闪光效果。

配方 29　指甲油

原料配比

原料	配比(质量份)			
	1#	2#	3#	4#
硝化纤维素	10	20	15	15
乙酸乙酯	20	40	30	27
甲苯	30	50	40	37
邻苯二甲酸二丁酯	7	10	18	7

续表

原料	配比(质量份)			
	1#	2#	3#	4#
骨胶原	6	10	8	7
正丙醇	1	2	2	2
有机膨润土	2	8	5	7
香精	4	6	5	6
防腐剂	1	2	1	2
蒸馏水	100	200	150	177

制备方法

（1）首先，将蒸馏水放入烧杯内，依次加入硝化纤维素、乙酸乙酯、甲苯、邻苯二甲酸二丁酯、骨胶原、正丙醇和有机膨润土，搅拌均匀；

（2）其次加入香精和防腐剂，混合均匀；

（3）最后，密封制得指甲油。

原料配伍 本品各组分质量份配比范围为：硝化纤维素10～20，乙酸乙酯20～40，甲苯30～50，邻苯二甲酸二丁酯7～30，骨胶原6～10，正丙醇1～2，有机膨润土2～8，香精4～6，防腐剂1～2和蒸馏水100～200。

产品应用 本品是一种指甲油。

产品特性 该指甲油黏稠度适宜，方便涂抹于指甲表面；颜色均匀，附着力强，不易剥落，且无任何不良反应，不刺激皮肤，安全可靠。

配方 30 紫色指甲油

原料配比

原料	配比(质量份)		
	1#	2#	3#
硝酸纤维素	5	10	8
丙酮	30	50	40
乙酸乙酯	40	50	42
乳酸乙酯	10	20	18
邻苯二甲酸二丁酯	10	20	16
乙二醇	20	30	24
樟脑	1	3	12
钛白粉	6	8	7
苯胺紫染料	0.1	0.3	0.2
香精	0.1	0.3	0.2

制备方法

（1）将丙酮、乙酸乙酯、乳酸乙酯及乙二醇放入容器中充分混合均匀；

（2）加入硝酸纤维素，充分搅拌均匀使其溶解后，再加入邻苯二甲酸二丁酯，搅拌混合均匀；

（3）加入樟脑、钛白粉及苯胺紫染料，充分搅拌使其溶解均匀；

（4）加入香精，搅拌混合均匀后即得成品。

原料配伍 本品各组分质量份配比范围为：硝酸纤维素5～10，丙酮30～50，乙酸乙酯40～50，乳酸乙酯10～20，邻苯二甲酸二丁酯10～20，乙二醇20～30，樟脑1～3，钛白粉6～8，苯胺紫染料0.1～0.3，香精0.1～0.3。

产品应用 本品是一种使用方便、着色效果良好、不伤指甲的紫色指甲油。

产品特性

（1）着色效果良好，不容易褪色。

（2）易储存，方便运输。

（3）易清洗，不残留痕迹。

（4）安全无害，不损伤指甲表面。

第六章 整发剂

Chapter 06

第一节 整发剂配方设计原则

一、整发剂的特点

整发用品是指对头发起定型和修饰作用的化妆品，使梳理后的头发整齐定型，不易蓬乱，还兼有保养头发并赋予光泽的作用。目前使用最多的是喷发胶、摩丝、啫喱等。

整发剂应具有如下特点。

（1）有适当的硬度和弹性；

（2）有良好的发型保持能力和光泽；

（3）不黏结，不易脱落，易洗去；

（4）有良好的气候适应能力；

（5）干燥时间短；

（6）有适当的蓬松性和宜人的香气。

二、整发剂的分类及配方设计

（一）整发剂分类

整发剂主要可分为喷发胶、摩丝和啫喱三类，它们在配方和使用方式及性能上有所不同。

喷发胶是一种气溶胶型发用定型化妆品，可分为手按泵型喷发胶和气雾剂型喷发胶。手按泵型喷发胶含溶剂较多，而气雾剂型喷发胶含有喷射剂，使用时泵的推动力或者喷射剂能使定型剂以雾状均匀喷洒在干发上。雾状粒径一般在30～55μm，能在头发上形成一薄层聚合物，将头发黏合在一起，使头发牢固地保持设定的发型。

摩丝是一种气溶胶泡沫型的整发剂，配方中含有喷射剂和产生泡沫的表面活性剂，装在容器中的定型剂液体在使用时呈泡沫状从容器喷出。泡沫具有一定的初始稳定性，容易控制剂量，不易流失，不会引起容器内产品的沾污，使用者可按要求在头发表面对头发设定发型，泡沫经摩擦后能快速坍塌消失。

啫喱，有时又称啫喱水，是一类透明的凝胶状整发剂，一般无醇或含醇量较低，使用时也容易控制剂量，不易流失，但干燥速度较慢。

还有一些发用化妆品也对头发具有定型作用，如O/W型和W/O型的乳膏、发油、润发脂和发蜡等。

（二）整发剂配方设计

整发剂常由定型树脂、溶剂、增塑调理剂、防腐剂、表面活性剂、香精及色素等组成。喷发胶、摩丝等气溶胶型还需有喷射剂，啫喱（或者称为啫喱水）还含有胶凝增稠剂。

1. 定型树脂

定型树脂是使头发定型的关键组分，现一般都采用合成的成膜聚合物。成膜聚合物的性能要满足以下几方面的要求：

（1）成膜聚合物组分中必须有能赋予聚合物一定刚性的单体，使产品达到固发和定型好的效果，这是成膜聚合物的最基本的要求。

（2）聚合物应具有柔韧性，强度和弹性，使形成的膜较坚韧。

（3）成膜聚合物对头发应表现良好的亲和性和黏附性，使成膜物不易从头发上剥落。

（4）成膜物应容易用水、肥皂和香波洗掉。

（5）形成的膜应透明、有光泽。

（6）成膜物应不粘连头发，不影响头发的梳理，梳理后应保持定型作用，而且不会出现粉状物。

（7）成膜物应有抗湿性，在潮湿天气应有较好的定型作用。

（8）使用烃类推进剂的产品，要求成膜物与烃类物质有较好的相容性。

（9）成膜聚合物的毒性试验应符合国家标准，这是成膜聚合物最主要的要求。

定型树脂的成膜质量、吸潮能力、水溶能力及光泽等性能，决定整发剂的最终性能。定型树脂选用是否得当是最终产品能否成功的关键因素。最早采用的定型树脂是天然虫胶，由于不溶于水，难以从头发上洗去，而且形成的薄膜很脆，易剥落，粘连性强，常使头发成棒状。现被PVP（聚乙烯吡咯烷酮）、乙烯酯、丙烯酸（酯）聚合物等高分子聚合物代替，如乙烯吡咯烷酮/乙酸乙烯酯/丙酸乙烯酯（质量比为30∶40∶30）共聚物。对于具有羧酸基团的聚合物，常用有机碱（如氨基醇AMP）和无机碱（如KOH、NaOH）来中和成盐，增加聚合物的水溶性，一般将中和度控制在70%～80%。

成膜聚合物的各种性能往往相互矛盾，例如成膜物抗湿性与易洗去，对头发黏附性好与避免头发的粘连等，因此聚合物合成过程中必须注意单体种类和用量的选择。成膜聚合物在整发剂中的使用量一般为3%～10%（质量分数，下同），喷发胶、啫喱等定型剂中成膜聚合物的含量较低，能赋予头发较柔软的感觉，而摩丝中成膜聚合物的含量较高，使头发有较硬的感觉。

2. 溶剂

定型剂中溶剂的主要作用是溶解其他成分，调整定型剂黏度、浓度、干燥速度和控制最终有机挥发物（VOCs）含量。对于气溶胶型定型剂，可通过调整溶剂与喷射剂的比例来控制喷雾形态。溶剂的选用，要求混溶能力好，气味小，易被蒸发。常用溶剂是乙醇、水或乙醇/水混合体系，有时也用异丙醇、*t*-丁醇代替乙醇。乙醇的级别和纯度对定型剂产品质量影响较大，特别是其中甲醇含量的控制，要求在0.2%以下。水的作用是：①改善一些不完全溶于乙醇中的树脂的溶解度；②减慢蒸发速度；③降低成本；④防止中和程度较高的含酸树脂体系产生沉淀；⑤降低VOCs量，符合环保法规定要求。

一般定型剂中溶剂含量较高，达到40%～80%，对于手按泵型喷发胶，溶剂量有时达到95%。随着环保要求的加强，对VOCs含量的控制越来越严格。目前定型剂中溶剂的使用趋势是减少乙醇用量，增加水分。使用水作溶剂，主要存在的问题是树脂不稳定、溶剂-推进剂的相容性差、黏度和表面张力增大、干燥时间延长、高湿度以及在制动器中发泡性差。但水也具有增塑和软化由定型剂树脂形成的胶膜的特点。

3. 喷射剂

用于气雾剂型喷发胶和摩丝的喷射剂有时又称为抛射剂、推进剂。喷发胶在压力降低时能突然汽化将成分以雾状形式均匀带出而喷洒在头发上，而摩丝在振荡和压力降低时，能以泡沫状从容器中流出。喷射剂在使用时应注意可燃性、产生的压力、稳定性和毒性等。以往的气溶胶喷射剂上要采用氯氟烃。近10年来人们充分认识到氯氟烃产品极严重地破坏大气臭氧层，必须全面停止生产和使用。目前世界上替代氯氟烃（氟利昂）喷射剂的主要有：①烷烃，如丙烷、正丁烷、异丁烷和正戊烷；②二甲醚（DME）；③压缩气体，如一氧化碳、氧化一氮和氨气等。

前两类喷射剂比较常用，能在大气层中氧化降解，对臭氧层破坏系数（ODP）为0，产物二氧化碳和水对环境无害；特别是DME，化学稳定性高，几近无毒，与水有高互溶性（可降低燃烧性），不论极性或非极性的溶剂均可互溶，与各种树脂有极高的溶解能力，可适应各种产品的需要。虽然较氯氟烃易燃，由于对它们的安全处理方法加强了研究，至今在生产和使用过程中还未发生任何问题。二甲醚还能使定型剂不易致潮，加之生产成本低、建设投资省、制造技术不太复杂等特点，被认为是新一代理想的喷射剂。第三种喷射剂在乙醇或异丙醇中的溶解度不够，使用时要求罐内压力太高而不安全，喷雾性能也不适宜，使用受到限制，因而所占比例不大。但由于低毒、不易燃和对环境极为安全，因而有必要对它们进行试验改进。

作为气雾剂产品的喷射剂需有一定的压力，一般在0.2～0.5MPa，视不同喷雾剂产品而定，而压力的调整主要取决于丙烷、丁烷的相对含量。喷射剂的用量为15%～30%。

4. 增塑调理剂

增塑调理剂的作用是使头发更具光泽及柔韧性，改善有些成膜树脂造成的僵硬感觉，赋予头发弹性，一般用量为聚合物干基质量的3%～10%。常用的增塑剂有：液态酯类、各种二甲基硅氧烷（苯基甲基硅氧烷有很好醇溶性，特别有效）、二甲基硅氧烷/聚醚、蛋白质、多元醇、羊毛脂衍生物和聚季铵阳离子化合物等。聚季铵阳离子化合物，如纤维素阳离子、瓜尔胶阳离子、蛋白质阳离子等，由纤维素、瓜尔胶、水解蛋白与阳离子单体（如丙烯酰胺丙基三甲基氯化铵、二甲基二烯丙基氯化铵）反应形成，使用后对头发和皮肤没有刺激，且有光滑感，具有润滑和保护作用，能使定型剂产品具有增稠、抗静电性、高度耐湿性、柔软性和调理功能。高阳离子电荷具有亲水性能，能改善头发干/湿梳理性，且分子量低，能更快渗透入头发中，不会使头发变硬，特别适于消费者头发调理的需要。还有一类是由阳离子单体均聚或共聚而成，如二甲基二烯丙基氯化铵（DMDAAC）均聚物、DMDAAC与丙烯酸酰胺的聚合物已在国内生产并应用。DMDAAC与丙烯酸、丙烯酸酰胺的共聚物，无论配伍、增稠、还是调理性能都有着二元聚合物无法比拟的优势。

5. 表面活性剂

摩丝中用的表面活性剂的作用是降低表而张力，使之形成大小和结构合适的泡沫。摩丝使用时要有较好的初始泡沫稳定性。同时也要求与头发接触后，较易破灭分散，并且泡沫较柔软，易于在梳理时分散。另外是分散作用，在使用摩丝前，需摇动一下容器使推进剂在水相中呈小的液滴均匀分散，形成暂时的均匀体系，这样可生成均匀、致密且美观的泡沫。在容器内摇动时不会产生泡沫。常用表面活性剂是较高HLB值的非离子表而活性剂，如月桂醇醚-23，十六十八醇醚-25，PEG-40蓖麻油，壬基酚聚氧乙烯醚和乙氧基化的天然植物油等。表面活性剂用量一般为0.5%～10%。

啫喱凝胶中有时也加质量分数为0.2%～1.0%的表面活性剂，如吐温（十六～十八）醇醚等，起降低基质表面张力和增溶作用。

6. 胶凝增稠剂

啫喱凝胶定型剂常用胶凝增稠剂来调节黏度，形成凝胶基质。要求增稠剂增稠效率高、增黏效果好、黏度稳定、均质性能好、耐温度稳定性好、耐老化和储存寿命长，且具有不受微生物影响及抗菌性强的特性，同时对人体安全。例如卡波树脂（carhopo）是有效的水溶性增稠剂，由丙烯酸与烷基蔗糖经交联而成的丙烯酸聚合物（聚羧乙烯）的系列产品，可溶于乙醇，水和甘油。胶凝增稠剂的用量一般为0.5%～2.0%。

7. 其他

如防腐剂、香精与色素等。加入防腐剂，能防止微生物的破坏，提高抗菌性和储存稳定性。加入少量香精，适当遮盖定型剂中其他不良气味，并使其喷洒在头发上后能留有宜人的芬芳。加入色素，调节改变定型剂的颜色。所加入的这些助剂，要有可靠的稳定性，并与定型树脂有好的配伍性能，不会降低树脂的定型能力。啫喱凝胶中有时还需加入少量起澄清和稳定作用的螯合剂（如EDTA，柠檬酸），起光保护作用的紫外线吸收剂（如二苯甲酮）等。

（三）整发剂配方组成

一般喷发胶配方组成见表2。

表2　一般喷发胶配方组成

结构组分	主要功能	代表性原料	含量范围(质量分数)/%
聚合物	头发定型,抗静电作用	聚乙烯基吡咯烷酮及其共聚物、乙酸乙烯酯/巴豆酸系列共聚物、丙烯酸/丙烯酸酯类共聚物	5～10
溶剂	溶解作用、黏度调节、雾化程度调节、干燥速度调节、VOC含量控制	去离子水、乙醇、异丙醇,多数情况为水-醇体系	60～90
中和剂	中和树脂中有机酸,改变聚合物溶解度,改变其他功能	2-氨基-2-甲基-1-丙醇、三乙醇胺、2-氨基-2-甲基-1,3-二丙醇	适量
增塑剂	改变聚合物膜柔韧性	酯类,二甲基硅氧烷、聚醚	1～5
香精	赋香	根据消费者要求选用	适量
其他添加剂			
防腐剂	抑制微生物生成	凯松-CG、2-溴-2-硝基-1,3-二丙醇	适量
加溶剂	加溶香精	油醇醚-20、PEG-400、蓖麻油	适量
紫外线吸收剂	增加透明度,抗紫外线辐射	二苯(甲)酮-3	适量
头发营养调理剂	营养、调理作用	维生素E乙酸酯、蛋白、泛醇	适量
推进剂	产生气雾	LPG、DME、1,1-二氯乙烷	15～30

摩丝的典型配方组成见表3。

表3 摩丝的典型配方组成

结构组分	主要功能	代表性原料	含量范围(质量分数)/%
聚合物	成膜剂,使头发定型,抗静电作用,调理作用	聚乙烯基吡咯烷酮及其共聚物、乙酸乙烯酯/巴豆酸系列共聚物、丙烯酸/丙烯酸酯类共聚物等	2～6
乳化剂	降低表面张力,产生合适泡沫,加溶、分散作用	月桂醇醚、聚氧乙烯壬基酚醚、PEG-40、蓖麻油等	0.5～3
调理剂	抗静电作用,调理作用	季铵盐、二甲基硅氧烷、水解胶原等	0.5～3
防腐剂	防止腐蚀的作用	尼泊金甲酯、尼泊金丁酯、DMMH等	0.1～0.8
香精	赋香	随潮流变化	0.1～0.3
去离子水	溶剂		加至100
乙醇(95%)	溶剂		0～20
推进剂	推进作用	LPG、DME、1,1-二氯乙烷	10.0～15.0
酸度调节剂	调节酸度	AMP、TEA、柠檬酸	适量
其他添加剂	营养作用	维生素E、*d*-泛醇等	适量

发用凝胶的主要配方组成见表4。

表4 发用凝胶的主要配方组成

结构组分	主要功能	代表性原料	含量范围(质量分数)/%
胶凝剂	形成胶凝基质	丙烯酸类聚合物(卡波系列)等	0.5～2.0
聚合物	定型作用,调理作用	聚乙烯基吡咯烷酮及其共聚物、乙酸乙烯酯系列共聚物、丙烯酸酯类共聚物等	3～8
加溶剂	加溶作用,防止变浑浊	吐温-20、聚氧乙烯壬基酚醚、PEG-40、蓖麻油等	0.5～1.0
调理剂	调理作用,抗静电作用	季铵盐、二甲基硅氧烷、水解胶原等	0.5～3.0
螯合剂	澄清作用,稳定作用	EDTA-Na、柠檬酸等	0.1～0.2
紫外线吸收剂	光保护作用,防止产品变色	二苯(甲)酮-4等	0.1～0.2
酸度调节剂	调节酸度	AMP、TEA、柠檬酸等	适量
香精	赋香	随潮流变化	0.1～0.3
去离子水	溶剂		加至100
醇类		乙醇(95%)	5.0～10.0
其他添加剂	营养作用	维生素E、*d*-泛醇、植物提取液等	适量

第二节 整发剂配方实例

配方1 多效头油(发乳)

原料配比

原料	配比(质量份)	原料	配比(质量份)
10%辣椒酊	1	硼砂	2
10%侧柏叶酊	2	水杨酸	1
10%首乌酊	1	维生素 B_{12}	0.01
15%丹参液	3	维生素C	0.1
间苯二酚	0.5	蒸馏水	40
胆固醇	1.5	白油	45.5
卵磷脂	0.5	95%乙醇	6
维生素E	0.5	红色素	适量
蓖麻油	33	香精	适量

制备方法

工艺及设备要求：所有原料配合后，必须真空抽吸和15min真空消毒；用螺旋桨式搅拌，器底部有匀速器；三个加料锅均有加热和搅拌装置，冷却装置用循环水。

步骤：

(1) 将硼砂、水杨酸、间苯二酚用三辊机粉碎；

(2) 将物料(1)投入1#罐，再加入蒸馏水，开动搅拌，加热至90℃，搅拌30min，降温至60℃，备用；

(3) 将95%乙醇、10%侧柏叶酊、10%首乌酊、15%丹参液加入2#罐，开动搅拌加热至60℃，然后将1#罐中的热溶料放入2#罐恒温60℃，继续搅拌30min，待抽吸至3#罐；

(4) 将白油投入3#罐中，加热至110℃，维持20min，降温至70℃，将蓖麻油、胆固醇、卵磷脂、维生素E投入3#罐恒温70℃，继续搅拌30min，经过滤抽入4#罐中，连续搅拌降温至40℃即可放料包装。

原料配伍 本品中各组分质量份配比是：10%辣椒酊1，间苯二酚0.5，10%侧柏叶酊2，10%首乌酊1，15%丹参液3，胆固醇1.5，卵磷脂0.5，维生素E0.5，蓖麻油33，硼砂2，水杨酸1，维生素 B_{12} 0.01，维生素C 0.1，白油45.5，95%乙醇6，蒸馏水40，红色素适量，香精适量。

原料中的蓖麻油未经漂白，含有多种维生素，其中的维生素E是天然的抗氧剂，因此，它是未经化学合成的抗氧剂。

间苯二酚、95%乙醇、硼砂、水杨酸、10%侧柏叶酊为杀菌防腐剂。

10%辣椒酊可轻度刺激头皮，使头皮下血管轻度扩张，促使毛发生长。

胆固醇、卵磷脂具有营养健发功能。

维生素E、维生素 B_{12} 与维生素C可调节内分泌和神经功能，有抗衰老和调理头发作用。

10%首乌酊、15%丹参液为乌发剂。

产品应用 本品能够补充头发油分、增强头发光泽度、防止头发断裂，并具有乌发、健发、止痒、去除头屑、防脱发及生发等作用。

产品特性 本品配方工艺按化学性质熔点加热，按溶解度进行搅拌，工艺过程蒸汽加热而防爆，有消毒程序而防污染；配方原料无毒、无害，安全可靠，油体稳定不变质，植物油不酸败；产品性能优良，使用方便，对头皮刺激性小，效果理想。

配方2 人参护发油

原料配比

原料	配比(质量份)
液体石蜡	75
橄榄油	22
水貂油	2
人参皂苷	0.05
清草型香精	适量

制备方法 将以上原料混合，溶解，制成浅黄色澄清透明油液。

原料配伍 本品中各组分质量份配比范围是：液体石蜡70～80，橄榄油20～25，水貂油1～3，人参皂苷0.02～0.07，青草型香精适量。

液体石蜡和橄榄油可使发丝滑爽、易于梳理；人参皂苷含有各种氨基酸，能改善皮肤的血液循环，增强发质营养；水貂油渗透力强，能携带其他成分渗入发丝中，在发丝表面形成薄膜，有弹性且不油腻。

产品应用 本品适合在洗发后使用，能够加强头发营养，防止头发断裂脱落，减轻头皮炎症，防止干性头屑产生，使头发乌黑、柔软、亮泽。

使用方法：洗发后将头发漂清，取本品1～2滴，滴入盛有清水的面盆中，然后将头发伸入盆中，揉擦片刻。

产品特性 本品工艺简单，配方合理，性能优良，使用方便，用后不油腻、不粘灰，膨松自然，效果理想。

配方 3 人参发乳

原料配比

原料	配比(质量份)
白油	20
十八醇	5
单甘酯	3
甘油	8
吐温-80	1.4
尼泊金乙酯	0.2
远红外陶瓷粉	10
人参提取液	0.5
柠檬酸	适量
香精	0.5
去离子水	加至 100

制备方法 取白油、十八醇、单甘酯、甘油、吐温-80、尼泊金乙酯、远红外陶瓷粉、人参提取液，用柠檬酸调节 pH 值小于 7，加入去离子水进行混合，加热至 90℃，搅拌，乳化 1h 后冷却至 50℃，加入香精，搅拌，持续冷却至 30℃出料，灌装即可。

原料配伍 本品中各组分质量份配比范围是：白油 15～40，十八醇 4～8，单甘酯 2～5，甘油 5～10，吐温-80 为 1～2，尼泊金乙酯 0.2，人参提取液 0.2～1，远红外陶瓷粉 3～15，香精 0.5，柠檬酸适量，去离子水加至 100。

产品应用 本品通过释放远红外线有效地保护和滋润头发，使头发性质柔和、充满光泽，并使头发不易脱落。

产品特性 本品工艺简单，配方独特，不含有害药物，适应性强，对人的皮肤及头发无不良反应，无过敏反应。

配方 4 天然养发定型液

原料配比

原料		配比(质量份)
胶	鹿胶	20
	龟胶	150
	别甲胶	30
	阿胶	50
养发剂原料	苦参	200
	不老仙	12
	菖蒲	30
	黑芝麻	60
	酸枣仁	10
	菟丝子	10
	慢京子	8
	核桃仁	8
	花生仁	10
	女贞子	30

续表

原料	配比(质量份)
冰糖	220
水	适量
防腐剂苯甲酸钠	12

制备方法

(1) 将鹿胶、龟胶、别甲胶、阿胶、冰糖粉碎成豆大颗粒,加入开水搅拌均匀后,用蒸汽加温,以蒸沸算起,每隔20min搅拌一次,共蒸70min(以原料全部熔化为宜),所得作为甲液备用。

(2) 将苦参、不老仙、菖蒲洗净后,加入水,浸泡60min,再煮沸10min;将黑芝麻、酸枣仁、菟丝子、慢京子、核桃仁、花生仁、女贞子筛去灰渣,用水冲洗,滤干后,压破或碎成粗颗粒,混入苦参等煮沸的锅中,再煮沸5min后,过滤,得汁作为乙液备用。

(3) 取乙液适量,待温度降至50℃以下时,加入防腐剂苯甲酸钠,搅拌熔化后,与甲液一起加入温度不低于90℃的其余乙液中,煮沸30s后过滤,然后再煮沸20s结束,放于清洁、阴凉、通风处自然降温,用紫外线照射后,无菌装瓶。

原料配伍 本品中各组分质量份配比范围是:胶250,冰糖150～250,养发剂原料4～713,水适量,防腐剂苯甲酸钠12。

所述养发剂原料中各组分及质量份配比范围是:苦参150～400,不老仙8～18,菖蒲20～50,黑芝麻30～120,酸枣仁5～15,菟丝子5～15,慢京子6～15,核桃仁4～12,花生仁6～18,女贞子20～50。

胶可以是鹿胶、龟胶、别甲胶、阿胶或它们的混合物。

冰糖的主要作用是使头发发亮。

产品应用 本品在固定发型的同时具有滋补及保养作用。对发梢、发干、发根及头部皮肤有直接的营养作用,能够补脑、活跃脑细胞,使人精力充沛、思维敏捷;早期使用能有效防止发枯、发黄、分叉、断发、脱发、发早白,并可使白发转黑;能去除头屑、止头痒、防治头部疮疹,并且保湿;长期使用对头痛、头晕、心悸、失眠、记忆力减退等有一定的缓解作用。

本品是家庭和旅行的理想用品,放于阴凉干燥处储存,保质期一年以上。

使用方法:洗发后,头发擦至半干,将本品喷到头发上,用手涂揉均匀,以利于吸收,湿透为度,即时梳理成型,再用手蘸少许本品,将平时发型最易散乱的部位轻摩一、二遍即可,一次使用可数日有效。

产品特性 本品工艺合理,最大限度地保留了有效成分;使用方便安全,不用电吹风,无易燃易爆等危险;应用广泛,无地区、季节、年龄和性别限制,用后效果好,不易沾灰尘,不脏衣服。

配方 5　特硬养发定型液

原料配比

原料	配比(质量份)		
	特硬养发定型液	特硬养发摩丝	特硬养发喷发胶
禽蛋清	91	71	41
盐	3	3	3
酒	5	5	5
抗氧化剂	0.9	0.9	0.9
香精	0.1	0.1	0.1
防腐剂	—	适量	适量
氟利昂	—	20	50

制备方法　将各组分混合均匀即可。定型液为非金属包装，摩丝与喷发胶均为金属罐包装。

原料配伍　本品中各组分的质量份配比如下：

特硬养发定型液：禽蛋清 91，盐 3，酒 5，抗氧化剂 0.9，香精 0.1。

特硬养发摩丝：禽蛋清 71，盐 3，酒 5，抗氧化剂 0.9，香精 0.1，防腐剂适量，氟利昂 20。

特硬养发喷发胶：禽蛋清 41，盐 3，酒 5，抗氧化剂 0.9，香精 0.1，防腐剂适量，氟利昂 50。

禽蛋清以鸡蛋清为最好。有的禽蛋（鸡蛋）的蛋清中没有胚胎（卵组织），有的有胚胎，有胚胎的禽蛋除去蛋黄外还要将胚胎滤掉。

盐可以是食用盐。酒可以是食用白酒。香精可以是食用香精。抗氧化剂是指二丁基羟基甲苯（BHT），有杀菌防腐作用。

产品应用　特硬养发定型液可使原有的发型保持 50～60h，中途若想改变发型湿水梳理即可，同时具有保湿作用。长期使用可使黄发逐渐变黑，黑发更加黑亮，尤其适合男士使用。

使用方法：洗头后待头发将要干时，分几次将定型液倒入手心中分别均匀地涂于头发上，然后随意梳理出所需发型即可。

产品特性　本品配方组成少，原料易得，成本低，工艺流程简单，大中小型企业均可生产；原料的剩余部分（如蛋黄）可做蛋黄粉，不会造成浪费；产品性能优良，定型效果好，清洗方便，配方属于食品型，对人体特别是皮肤无不良反应，使用安全。

配方 6　美发护发定型液

原料配比

原料	配比(质量份)		
	1#	2#	3#
酪蛋白	6	2	1.5
酪蛋白水解物	—	0.5	1
山梨糖醇	—	—	0.003

续表

原料	配比(质量份)		
	1#	2#	3#
聚乙二醇	—	0.1	—
羊毛脂	—	0.7	—
乙酸羊毛脂	—	—	0.4
白兰香精	—	0.06	0.06
白兰花油	0.5	—	—
苯甲酸钠	0.03	0.03	0.03
卵磷脂	—	—	0.1
无水乙醇	50	30	30
水	加至100	加至100	加至100

制备方法 将酪蛋白放入烧杯中，加入水，将烧杯放入60℃水浴，边搅拌边加入10%氢氧化钠并维持pH值在8～8.5，至酪蛋白全部溶解，然后在搅拌器搅拌下用1mol/L的盐酸将溶液的pH值调至7；加入乙醇及其他成分，混合均匀，过滤后装入带喷头的瓶中即可。

原料配伍 本品中各组分质量份配比范围是：酪蛋白0.1～50，酪蛋白水解物0～50，表面活性剂0～2，功能添加剂0～10，液体介质80～99。

酪蛋白水解物可以是酪蛋白的完全水解物、酪蛋白的不完全水解物以及酪蛋白与上述二者的组合。

表面活性剂可以是阴离子型、阳离子型、两性型、非离子型和高分子型表面活性剂，或它们的组合。

功能添加剂是指杀菌防腐剂、抗静电剂、去屑止痒剂、护发调理剂、pH调节剂以及香料或香精。

液体介质可以是水、乙醇、丙醇、丙酮或它们的组合。

本品以天然酪蛋白为定型物或成膜物质。酪蛋白是牛乳中的主要蛋白成分，它不溶于水和醇，溶于稀碱而形成酪蛋白盐。酪蛋白溶于碱性溶液后成为较强的黏合剂和织物整理剂，干燥后有很好的定型能力和成膜能力，形成较硬但是不黏的透明薄膜，达到保持和固定发型的目的。

产品应用 本品能够护发养发，滋润发根，用后可使头发蓬松柔软、富有光泽及弹性，易于梳理成型。

产品特性 本品成本低，工艺便于操作，对环境无污染；产品配方合理，使用方便，透气及透湿性好，定型持久，并且对皮肤无刺激，不损害健康；性质稳定，保存期限长。

配方 7　发胶

原料配比

原料	配比(质量份)		
	1#	2#	3#
百虫草	10	14	5
人参(尾)	0.5	0.5	—
白及	2	—	5
白羊鲜	2	4	—
何首乌	2	1	—
白木耳	2.5	4	5
黑豆	2	2	—
木香	2	—	—

制备方法

（1）净化处理　对白及、白木耳采用筛拣方法，去掉原料中的杂物粉尘，其他原料用清水（或自来水）冲洗 2～3 遍，浸泡 0.5h，或用 80～90℃的热水将原料浸泡 20～25min。

（2）烘干　将净化后的原料进行干燥处理。

（3）碾碎　将原料分别碾（压）成 1～3mm^3 的小型块状，不要压成粉状。

（4）分组　原料分为两组，第 1、3、5、7 号原料混合后为第一组，第 2、4、6、8 号原料混合后为第二组。

（5）分级提取胶液　第一级提取：将混合后的原料置于容器中，加入 75%医用乙醇，乙醇（体积）：原料（质量）=1.5：1。搅拌均匀，每日搅拌 1～3 次，浸泡 2～3 日，滤出液体，作为第一级提取液。

第二级提取：在第一级提取后，立即加入与第一级提取液量基本相等的 75%医用乙醇，继续浸泡 3～4 日，滤出液体，作为第二级提取液。

第三级提取：在第二级提取后，加入少量乙醇（能覆盖容器中的原料即可），浸泡 2～3 日后，滤出液体，作为第三级提取液。

（6）混合　将同一组的三次提取液混合置于一个容器中，搅拌均匀，再将两组混合液置于一个容器中，搅拌均匀。如果总量达不到足量，则可再向第二组容器中加入适量乙醇，浸泡 24h 后再提取一次，以补足总量。再过滤，去掉颗粒状物质，加入香料。

实例 3# 由于只有三种组分，故不必分组。

原料配伍　本品有效组分的质量份配比范围是：百虫草 4～20，人参（尾）0.5～2，白及 2～5，白羊鲜 2～4，何首乌 1～2，白木耳 2.5～5，黑豆1～2，木香 1～2。

采用八种组分的质量份配比如下：百虫草 10，人参（尾）0.5，白及 2，白羊鲜 2，何首乌 2，白木耳 2.5，黑豆 2，木香 2。

采用六种组分的质量份配比如下：百虫草 14，人参（尾）0.5，白羊鲜 4，何首乌 1，白木耳 4，黑豆 2。

采用三种组分的质量份配比如下：百虫草 1，白及 1，白木耳 1。

产品应用 本品在固定发型的同时，还具有护发、养发、防衰、防秃等功效。

产品特性 本品主要具有以下优点：

（1）使用后在头发上所形成的胶膜透气量大，通透性良好，有利于维持头皮、毛囊、汗腺及发干的正常生理功能。

（2）黏度适宜，既能使发型保持理想式样，又不易损伤发干。

（3）不会在头发上形成白色膜状物，使发干鳞状表层受到保护，且在任何情况下（如雨水淋湿头发等）不会产生黏腻不爽感。

（4）安全无毒，无不良反应，气味芳香，光泽悦目，便于梳理，混梳再生固发性能良好。

配方 8 黑色发胶

原料配比

原料	配比(质量份)
聚乙烯基吡咯烷酮	8
浓度为 95%以上的乙醇	85
松香丙烯酸酯	2
松香液	2
白矿油	0.2
蓖麻油	0.3
香精	0.3
对苯二胺	0.5
碳粉	0.5
十二醇硫酸钠	0.5
双氧水	0.5
白糖液	0.2

制备方法

（1）将松香粉碎后用乙醇浸泡，过滤得松香液；

（2）用浓度为 95%以上的乙醇将松香丙烯酸酯溶解后加入聚乙烯基吡咯烷酮（或乙烯基吡咯烷酮）、白矿油、蓖麻油、香精和松香液［步骤（1）］，进行搅拌，使其成为液状，然后加入白糖液，得到 A 液；

（3）将对苯二铵制成粉末，与碳粉、十二醇硫酸钠混合后加入双氧水调成膏状，得到 B 液；

（4）将 B 液加入 A 液中，经过搅拌、过滤，即得产品。

原料配伍 本品中各组分质量份配比范围是：聚乙烯基吡咯烷酮（或乙烯基吡咯烷酮）6～8，浓度为 95%以上的乙醇 80～85，松香丙烯酸酯 1～2，松香液 1～2，白矿油 0.1～0.2，蓖麻油 0.1～0.3，香精 0.2～0.3，对苯二胺 0.25～0.5，碳粉 0.25～0.5，十二醇硫酸钠 0.25～0.5，双氧水 0.25～0.5，白糖液 0.1～0.2。

产品应用 本品用于护发定型，黑色头发使用本品之后，毛发光泽、不干枯、不开叉，没有“白色头屑”的感觉。

产品特性 本品原料易得，工艺简单，成本低廉；产品质量稳定，使用效果理想。

配方 9 壳聚糖发胶

原料配比

原料	配比(质量份)	
	1#	2#
壳聚糖	2.5	0.8
甲酸	2	—
乙酸	—	2
阳离子蛋白肽 QHC	0.5	—
保湿剂	—	0.002
异丙醇	36	—
乙醇	—	30
防腐剂	0.1	—
香料	适量	适量
去离子水	加至 100	加至 100

注：1#所用壳聚糖含氮量 8.56%；2#所用壳聚糖含氮量 8.4%。

制备方法 将壳聚糖溶于甲酸或乙酸（预先配成 2%～5%的稀酸水溶液）中，过滤除去不溶物，相继加入其余原料，搅拌均匀后装入带有高效喷雾泵的塑料瓶中。

原料配伍 本品中各组分质量份配比范围是：壳聚糖 0.1～3，甲酸 0～5，乙酸 0～5，阳离子蛋白肽 QHC 0～2，异丙醇 0～40，乙醇 0～40，防腐剂 0.01～1，保湿剂 0.005～0.1，香料适量，去离子水加至 100。

本品使用的壳聚糖含氮量为 8.3%～8.7%，最好为 8.5%以上；适宜的黏度为 10～500mPa・s，最好为 30～300mPa・s。壳聚糖不溶于水，配制发胶通常使其溶于 0.5%～5%的稀酸水溶液中，可用的无机酸如盐酸等，有机酸类尤以乳酸、乙酸、抗坏血酸、柠檬酸、甲酸为好。

本品使用的发泡剂为容易挥发的液体，如乙醇、异丙醇、水以及阳离子、非离子或两性表面活性剂等。常用的阳离子表面活性剂有季铵化合物，如烷基二甲基苄基氯化铵、烷基三甲基氯化铵、乙氧基烷基磷酸铵等；两性表面活性剂如酰胺基烷基甜菜碱、磺基甜菜碱、N -烷基- β-氨基丙酸等及非离子表面活性剂。

本品中加入保湿剂甘油、山梨糖醇等，以使头发保持一定的柔软性。加入防腐剂，以避免发胶配制过程中加入微量蛋白质在长期存放中发生霉变。通常选用的防腐剂如凯松、布罗波尔、山梨酸等。加入香料以提高发胶的赋用性能。

产品应用 本品用于固定及修饰发型，同时具有护发美发的功效。

产品特性 本品原料易得，成本低廉，工艺简单；发胶的雾化是配以适宜的喷雾泵来实现的，不含有氟利昂（CFC）或液化石油气（LPG）、丙烷、丁烷等气雾推进剂，不含有异味及刺激性、挥发性有机溶剂，不但有利于环境保护及人体健康，而且使发胶不易燃易爆，便于携带、运输及储存，使用安全可靠。

配方 10 植物胶汁型发胶

原料配比

原料	配比(质量份)				
	1#	2#	3#	4#	5#
沙枣树胶	45	40	45	50	55
葡萄树汁	950	100	200	800	1000
思亚但油	3	—	—	4	—
杏仁油	4	—	—	—	8
尿囊素	2	—	—	3	2
卵磷脂	1	—	5	—	2

制备方法

(1) 取沙枣树胶，碾碎，以消毒过的水洗净后置于不锈钢容器中，备用；

(2) 过滤葡萄树汁，去掉颗粒状物质后注入步骤（1）盛有沙枣树胶的容器中，再补加消毒处理的水至液体（葡萄树汁和水的混合液体）和沙枣树胶比达到 16∶1 左右，浸泡沙枣树胶 40～60h，使沙枣树胶充分膨胀、软化；

(3) 将混合物（2）移置不锈钢质的搅拌器中，搅拌 1～2h，使物料成为具有流动性的胶液；

(4) 将胶液（3）置于高压均质器中加压均质成均匀的混合胶液；

(5) 将混合胶液（4）移到不锈钢容器中静放 7～10d，成为透明的胶溶液；

(6) 用虹吸法吸胶溶液（5）置于不锈钢质的搅拌器中，加入思亚但油、杏仁油、尿囊素、卵磷脂，充分搅拌乳化成乳状的胶液，加入香料，即得成品。

原料配伍 本品中各组分的质量份配比范围是：沙枣树胶 40～60，葡萄树汁 100～1040，思亚但油 3～6，杏仁油 4～8，尿囊素 2～4，卵磷脂 1～7。

产品应用 本品能够促进头发生长，增强头发弹性，补充头发营养成分，防止头发脱落，并且具有使头发乌黑光亮顺滑、消除头皮屑等美发作用。

产品特性 本品与现有技术其他产品相比具有以下优点：

(1) 突破了纯天然物发胶的局限性，采用了混合天然树胶作为原料，并开辟了天然树胶发胶“单一型”转向“复合型”的新途径，为提高天然树胶发用品美发、护发效果提供了新的研究思路。

(2) 向沙枣树胶配入了具有特殊美发效果的葡萄树汁，大大地改善了沙枣树胶的品质，使其更加均匀透明，用后效果更佳。

(3) 黏度适宜，既能使头发保持如意的样式，又不影响头发的自然弹性。

(4) 产品安全无毒，无任何不良反应，气味芳香、光泽悦目、便于梳理，湿梳再生、固发性能良好。

配方 11 植物型发胶

原料配比

原料	配比(质量份)		
	1#	2#	3#
百虫草	10	14	5
人参(尾)	0.5	0.5	—
白及	2	—	5
白羊鲜	2	4	—
何首乌	2	1	—
白木耳	2.5	4	5
黑豆	2	2	—
木香	2	—	—

制备方法

实例 1# 制备方法：

(1) 对白及、白木耳原料采用筛拣方法，去掉原料中的杂物粉尘，其他原料用清水（或自来水）冲洗 2～3 遍，浸泡 0.5h，或用 80～90℃的热水将原料浸泡 20～25min。

(2) 将净化后的原料进行干燥处理。

(3) 将原料分别碾（压）成 1～3mm^3 的小型块状，不要压成粉状。

(4) 将原料分成两组，第 1、3、5、7 号原料混合后为第一组，第 2、4、6、8 号原料混合后为第二组。

(5) 分级提取胶液：

第一级提取：将混合后的原料置于容器中，加入 75% 医用乙醇，乙醇（升）：原料（千克）＝1.5∶1。搅拌均匀，每日搅拌 1～3 次，浸泡 2～3 日，滤出液体，作为第一级提取液。

第二级提取：在第一级提取后，立即加入与第一级提取液量基本相等的 75% 医用乙醇，继续浸泡 3～4 日，滤出液体，作为第二级提取液。

第三级提取：在第二级提取后，加入少量乙醇（能覆盖容器中的原料即可），浸 2～3 日后，滤出液体，作为第三级提取液。

（6）将同一组的三次提取液混合置于一个容器中，搅拌均匀，再将两组混合液置于一个容器中，搅拌均匀。如果总量达不到 100L，则可再向第二组容器中加入适量乙醇，浸泡 24h 后再提取一次，以补足总量，至此，胶液制备完毕。

实例 2＃制备方法：同实例 1＃，如分组可按（1、3、5）、（2、4、6）分为二组，不分组也可。

实例 3＃制备方法：原料净化、烘干、碾碎方法同实例 1＃，采用 75%医用乙醇 1250mL 为混合物的萃取溶剂，由于只有三种组分故不必分组。分级提取同实例 1＃。

原料配伍 本品中各组分质量份配比范围是：百虫草 10～20，人参（尾）0.5～2，白及 2～5，白羊鲜 2～4，何首乌 1～2，白木耳 2.5～5，黑豆 1～2，木香 1～2。

产品应用 本品具有固发、美发、养发、护发功效，还具有防衰、防秃作用。

产品特性 本品具有以下优点：

（1）使用后在头发上所形成的胶膜透气量大，通透性良好，对维持头皮、毛囊、汗腺及发干的正常生理功能具有积极的作用。

（2）黏度适宜，既能使发型保持满意的样式，又不易损伤发干。

（3）不会在头发上形成白色膜状物，使发干鳞状表层受到保护，且在任何情况下（如雨水淋湿头发等）不会产生黏腻不爽感。

（4）安全无毒，无不良反应，气味芳香，光泽悦目，便于梳理，湿梳再生固发性能良好。

配方 12　变色摩丝

原料配比

原料	配比（质量份）			
	1＃	2＃	3＃	4＃
聚乙烯吡咯烷酮 PVPK30	6	6.2	6.5	6.5
LCH-2 季铵壳多糖	1.5	1.8	2	2
聚乙烯吡咯烷酮和乙酸乙烯共聚物	3	3.1	3.3	3.3
尼纳尔（6501）	1.5	1.8	2.5	2.5
乙醇	11	12	13	13
苯甲醇	0.08	0.1	0.12	0.12
十八醇	1.8	2	2.3	2.3
脂肪醇聚氧乙烯醚（平平加 O）	1	1.1	1.2	1.2

续表

原料	配比(质量份)			
	1#	2#	3#	4#
甘油	1.5	1.8	2.5	2.5
乙氧基化氢化羊毛脂	0.5	0.8	1	1
填充剂(二甲醚)	35	36	40	40
苹果香精	0.1	—	—	—
柠檬香精	—	0.3	—	—
菠萝香精	—	—	0.5	0.5
活性紫 K-3R	0.74	—	—	—
活性金黄 K-2RA	—	0.8	—	0.5
活性艳橙 X-GN	—	—	1	0.5
防腐剂 cy-1	0.015	0.018	0.018	0.018
紫外线吸收剂(VF)	0.01	0.015	0.03	0.03
十六烷基三甲基溴化铵	0.1	0.12	0.16	0.16
水	加至100	加至100	加至100	加至100

制备方法

(1) 将甘油、苯甲醇、十八醇、脂肪醇聚氧乙烯醚、变色染料、乙氧基化氢化羊毛脂装入乳化罐，混合加温至65℃，乳化搅拌均匀，作为A组分备用；

(2) 将聚乙烯吡咯烷酮 PVPK30、LCH-2 季铵壳多糖、聚乙烯吡咯烷酮和乙酸乙烯共聚物、尼纳尔 (6501)、乙醇、水、香精、紫外线吸收剂 (VF)、防腐剂 cy-1 混合搅拌均匀，作为B组分备用；

(3) 将A组分和B组分混合后过滤，滤液放入储存罐，灌装入喷雾罐即可。

原料配伍 本品中各组分质量份配比范围是：聚乙烯吡咯烷酮 PVPK30 6～6.5，LCH-2 季铵壳多糖 1.5～2，聚乙烯吡咯烷酮和乙酸乙烯共聚物为3～3.3，尼纳尔 (6501) 1.5～2.5，乙醇 11～13，苯甲醇 0.08～0.12，十八醇 1.8～2.3，脂肪醇聚氧乙烯醚 (平平加 O) 为 1～1.2，甘油 1.5～2.5，乙氧基化氢化羊毛脂 0.5～1，填充剂 (二甲醚) 35～40，香精 0.1～0.5，变色染料 0.74～1，防腐剂 cy-1 为 0.015～0.02，紫外线吸收剂 (VF) 为 0.01～0.03，十六烷基三甲基溴化铵 0.1～0.16，水为加至 100。

香精可以是苹果香精、菠萝香精、柠檬香精。

变色染料可以选自以下一种或一种以上：活性紫 K-3R、活性金黄 K-2RA、活性艳橙 X-GN。

产品应用 本品色泽富于变化，具有定型、保湿、护发作用。

产品特性 本品原料易得，配比科学，工艺简单，适合工业化生产；使用效果理想，洗涤方便，不损伤发质。

配方 13　焗油定发摩丝巾

原料配比

原料	配比(质量份)
PVP	3
1631	0.5
AEO	0.5
JR-400	0.3
丝肽	0.2
5%中草药提取液	10
香料、防腐剂	适量
水	加至 100

制备方法

(1) 取人参、当归、首乌、黑芝麻、牛膝、菟丝子、甘草、枸杞子用水回流 0.5h，过滤获澄清液，并经过杀菌后使用。

(2) 将除香料以外的所有成分混合加热至 60℃，搅拌混合均匀后，冷却至 40℃，加入香料并搅拌均匀，然后将布浸入其中，吸附定型液，取出烘干制成焗油定发摩丝巾，装入塑料袋中密封。

原料配伍　本品中各组分质量份配比范围是：头发定型剂 0.5～40，优选 3～25；焗油成分 0.01～5，优选 0.01～2；高分子阳离子调理剂 0.2～10，优选 0.3～5；阳离子表面活性剂 0.1～10；非离子表面活性剂 0.1～10；5%中草药水提取液 0.1～10。

头发定型剂为水溶性高分子非离子聚合物，它至少包括聚乙烯吡咯烷酮 (PVP K_{30})，聚乙烯吡咯烷酮/乙酸乙烯酯共聚物 (PVP/VA) 等，最好为 PVP。

起焗油作用的主要成分为丝肽。

高分子阳离子调理剂为阳离子季铵盐的聚合物，至少包括聚合物 JR-400、瓜耳胶羟丙基三甲基氯化铵、乙烯吡咯烷酮和二甲基乙基甲基丙烯酸共聚物以及二甲基磺胺季铵盐的共聚物，优选为 JR-400。

非离子表面活性剂包括 C_9～C_{18} 的直链烷基聚氧乙烯醚和烷基酚聚氧乙烯醚。

阳离子表面活性剂包括所有对人体皮肤及对毛发无刺激性的阳离子季铵盐，如 C_{12}～C_{18}烷基季铵盐。

5%中草药提取液中各组分的质量份配比是：人参 3、当归 8、首乌 8、黑芝麻 6、牛膝 4、菟丝子适量、枸杞子 4、甘草 3。

产品应用　本品具有定型、护发、乌发及杀菌止痒功效，能弥补头发受外界作用而引起的损伤。

使用时，取出一片摩丝巾，用水湿润，在所要定型的头发部位反复揉擦，然后梳理即可成型。

产品特性 本品原料易得，配比及工艺科学合理，成本低，适合规模化生产；产品性能优良，定型持久，用后无生硬感，无不良反应，不易燃易爆，不产生有害气体，使用及携带安全方便。

配方 14 毛发定型摩丝

原料配比

原料		配比(质量份)	
		1#	2#
壳聚糖		3	1
有机酸	苹果酸	—	2
有机溶剂	异丙醇	10	—
	乙醇	—	10
表面活性剂	EO12	2	3
	阳离子表面活性剂 CTAC	1	—
防腐剂/防腐防霉剂		0.1	0.5
香料		适量	适量
丙烷/丁烷推进剂		5	10
去离子水		加至 100	加至 100

制备方法 将壳聚糖溶于 pH 值为 5～5.5 的酸水溶液中，然后依次加入有机溶剂、表面活性剂、防腐剂/防腐防霉剂、香料，用水调匀后装入气压罐中，并充以丙烷/丁烷推进剂。

原料配伍 本品中各组分质量份配比范围是：壳聚糖 0.5～3，有机溶剂 5～15，表面活性剂 1～5，防腐剂/防腐防霉剂 0.01～1，香料适量，丙烷/丁烷推进剂 5～15，去离子水加至 100。

本品选用脱乙酰度 80%以上的壳聚糖作为成膜物质。壳聚糖在水中溶解度较低，通常是溶在 pH 值为 4～5.5 之间的水溶液中，或者在酸的水溶液中制成相应的盐，可用无机酸或有机酸，尤以有机酸为好，如甲酸、乙酸、苹果酸、柠檬酸、乳酸、水杨酸、酒石酸等。

有机溶剂可以是乙醇、异丙醇、丙酮、二氯甲烷等。

由于壳聚糖属阳离子型高聚物，因而不宜采用阴离子型表面活性剂。可单独或配合使用非离子表面活性剂和阳离子表面活性剂。非离子表面活性剂通常选用聚氧乙烯醚类活性剂，也可选用相类似的烷基芳基聚氧乙烯醚、烷基酚聚氧乙烯醚，咪唑啉两性表面离子活性剂也适用。

气体推进剂可以是丙烷、异丙烷、丁烷。

防腐剂/防腐防霉剂可以是尼泊金酯、防腐剂 PM、防腐剂 KCG、防腐剂布罗波尔等。

产品应用 本品具有护发、养发作用，可固定及修饰发型。

产品特性 本品原料易得，工艺简单，生产成本低；产品发泡均匀稳定，成膜快，硬而不黏腻，有透气透湿性，使用效果理想。

配方 15 摩丝胶浆

原料配比

原料	配比(质量份)
丙烯酸/丙烯酸乙醇胺体系	400
去离子水	600
引发剂过硫酸铵	2

注：丙烯酸对乙醇胺的摩尔比为1∶0.65。

制备方法

(1) 分别称取丙烯酸和乙醇胺，将乙醇胺加入丙烯酸中，在搅拌下使乙醇胺与部分丙烯酸转变为丙烯酸乙醇胺，组成丙烯酸/丙烯酸乙醇胺体系（简称A)。

(2) 称取丙烯酸/丙烯酸乙醇胺体系，加入去离子水（水/A＝1.4～2.3)，搅拌均匀，再称取引发剂过硫酸盐（约为A的0.3%～0.8%)，加入上述溶液中搅拌至全溶。

(3) 将含有引发剂的溶液（2）以每分钟0.5～1.5kg的速度连续不断地注入反应釜中进行聚合反应，控制温度在75～85℃之间，溶液加完后保温90～120min，取样测定，在玻璃板上涂膜，测定在温度为20～35℃、相对湿度为50%～80%的条件下，涂膜表面干燥时间不大于15min即可出锅。产物为无色透明黏稠状胶浆。

原料配伍 本品是一种由丙烯酸与乙醇胺共聚的产物。各组分的质量份配比范围是：丙烯酸/丙烯酸乙醇胺体系300～500，去离子水500～700，引发剂过硫酸盐1.5～2.5。

引发剂过硫酸盐可以是过硫酸铵、过硫酸钾和过硫酸钠中的一种或多种，以过硫酸铵较佳。

在配方中应使丙烯酸的物质的量，大于乙醇胺的物质的量，以保证聚合反应的进行。具体是1mol的丙烯酸∶0.5～0.8mol的乙醇胺，相应的质量配比为72g∶(30.5～48.8g)。

产品应用 本品能够固定发型、保护头发，可使头发有光泽、不带静电、不吸尘。

产品特性 本品原料易得，工艺简单，生产成本低；由于共聚物中引入了含氮而且带极性的乙醇胺，既增加了对头发的保护作用，又提高了水溶性，在施用时使头发更柔顺和易梳理，干燥后具有良好的定型能力，在洗发时只要用普通洗发液即可很容易洗去，对人体无任何不良影响。

配方 16　沙枣树胶护发美发摩丝

原料配比

实例 1

原料	配比(质量份)
沙枣树胶	2.5
白兰花油(香料)	0.5
蒸馏水	97
氟利昂 F-12(气体推进剂)	20g/100g 摩丝胶体

实例 2

原料	配比(质量份)
沙枣树胶	2
聚乙二醇型表面活性剂 TX-100	0.87
聚乙二醇型表面活性剂 JFC	0.21
苯甲酸钠(防腐剂)	0.03
白兰香精	0.07
去离子水	96.82
氟利昂 F-22(气体推进剂)	20g/100g 摩丝胶体

实例 3

原料	配比(质量份)
沙枣树胶	1.2
六偏磷酸钠(多价螯合剂)	0.4
磷酸月桂酯钠盐(表面活性剂)	0.5
乙酸羊毛脂(护发调理剂)	0.5
维生素 B_6(护发调理剂)	0.1
卵磷脂(护发调理剂)	0.2
乙醇(有机溶剂)	13
素馨兰(香精)	0.2
蒸馏水	83.90
氟利昂 F-12(气体推进剂)	20g/100g 摩丝胶体

实例 4

原料	配比(质量份)
沙枣树胶	2.8
羊毛脂(护发调理剂)	0.8
水杨酰对溴苯胺(去屑止痒剂)	0.05
橙花油香精	0.1
蒸馏水	96.25
异丁烷(气体推进剂)	20g/100g 摩丝胶体

实例 5

原料	配比(质量份)
沙枣树胶	3.2
聚氧乙烯十六烷醇(表面活性剂)	0.1
氯化亚铁(染色剂)	0.2
3,4-二羟基苯乙醇	0.4
硼砂(杀菌防腐剂)	0.3
留兰香油(精馏)	0.3
蒸馏水	95.5
氟利昂 F-12	25g/100g 摩丝胶体

实例 6

原料	配比(质量份)
沙枣树胶	0.67
十六烷基二甲基苄基氯化铵	0.1
月桂酰二乙醇胺(黏度改性剂)	0.08
山梨醇硬脂酸酯	0.4
羟乙基纤维素	0.3
兔耳香精	0.2
蒸馏水	98.25
丙烷/丁烷(40/60)气体推进剂	10g/100g 摩丝胶体

制备方法

1. 采用沙枣树胶原胶的配制方法

(1) 将沙枣树胶中表观杂质除去。

(2) 接着将沙枣树胶粉碎成 10～50 目的粉末。

(3) 将步骤 (2) 所得粉末慢慢投入搅拌中的室温水中或先将树胶粉末浸泡一昼夜左右后，逐渐升温至 60～100℃，搅拌 1～10h 成均匀的胶体，再经过 (或不经过) 活性炭脱色及过滤处理，制得浓度为 0.5%～5%的沙枣树胶胶体。

(4) 将配方中的各组分混合搅拌 0.5～3h，加热至 25～60℃，趁热过滤，即得到产品摩丝胶体。

(5) 将摩丝胶体用摩丝罐装机罐装封口，并充入气体推进剂。

2. 采用沙枣树胶的提取分离物的配制方法

(1) 取一定量的沙枣树胶，用量为树胶量 10～50 倍的二甲亚砜或水于室温下浸泡一昼夜，过滤，重复 4～5 次，至无或很少多糖能被再提取为止，可通过常规的多糖定性分析方法检测，用约为提取液的 2/3 (质量) 的 95%乙醇离析，析出絮状物，过滤，用适量 95%乙醇洗涤及过滤，重复 3～4 次后，改用适量无水乙醇洗涤及过滤，重复 2～3 次，所得固体用 P_2O_5 在室温至 50℃左右真空干燥 1～6h，得白色粉末多糖提取物，分界点为 171～180℃，收率为 85%～95%。

（2）将白色粉末多糖提取物慢慢投入搅拌中的室温水中逐渐升温至60～100℃，搅拌1～10h，制成均匀的浓度为0.5%～5%的沙枣树胶胶体。

（3）将配方中各组分混合，搅拌0.5～3h，即得产品摩丝胶体。

（4）将摩丝胶体用摩丝罐装机罐装封口，并充入气体推进剂。

原料配伍 本品中各组分质量份配比范围是：沙枣树胶0.5～4，表面活性剂0～3，功能添加剂0～15，香料或香精0.02～0.5，水80～99.4，有机溶剂0～10，气体推进剂10～30g/100g摩丝胶体。

沙枣树胶是天然胡颓科植物沙枣树胶原胶或沙枣树胶的提取分离物，即用二甲亚砜或水浸泡后的提取分离物。

表面活性剂可以是阴离子型、阳离子型、两性型、非离子型和高分子型表面活性剂，可以选用一种或一种以上。本品优先采用的有：

（1）羧酸盐、硫酸酯盐、磺酸盐或磷酸酯盐型阴离子表面活性剂，例如油酸钾、红油、油醇硫酸酯钠盐、十二烷基苯磺酸钠、磷酸月桂酯钠盐、窄馏分月桂醇硫酸三乙醇铵盐等。

（2）铵盐或季铵盐型阳离子表面活性剂，例如十六烷基二甲基苄基氯化铵、十二烷基三甲基氯化铵、十二烷基氯化铵、阿柯维尔A型阳离子表面活性剂等。

（3）氨基酸或甜菜碱型两性表面活性剂，例如十二烷基氨基丙酸钠、十二烷基二甲基甜菜碱、椰子磺基甜菜碱等。

（4）聚乙二醇型或多元醇型非离子表面活性剂，例如聚氧乙烯十六烷醇、辛基酚聚氧乙基乙醇、异丁苯酚与聚环氧乙烷缩合物JFC、山梨醇棕榈酸酯、斯盘型或吐温型非离子表面活性剂、聚丙二醇的环氧乙烷加成物、乙二胺和环氧丙烷加成产物再接入环氧乙烷、环氧乙烷缩合物等。

（5）聚乙烯醇、羧甲基纤维素（CMC）、蛋白质水介产物等高分子表面活性剂。

在本品配方中可加入下列不同功能添加剂的一种或多种：

（1）杀菌防腐剂，如苯甲醇、对羟基苯甲酸甲（或乙、丙、丁）酯、咪唑烷基脲、苯甲酸钠、乙酸钠、山梨酸钠、富马酸、硼酸、硼酸钠、硼砂等。

（2）pH调节剂，如柠檬酸、柠檬酸钠、琥珀酸、水杨酸、苹果酸、乳酸、酒石酸、磷酸钠、氢氧化钠、碳酸钠等。

（3）多价螯合剂，如乙二胺四乙酸二钠、六偏磷酸钠等。

（4）抗静电剂，如阳离子或两性表面活性剂等。

（5）黏度改性剂，如月桂酰二乙醇胺、椰子油单乙醇酰胺二甲基聚硅氧烷共聚多元醇、瓜耳树胶、甲基纤维素、羟丙基甲基纤维素、淀粉及其衍生物、羟乙基纤维素等。

(6) 凝固点调节剂，如乙醇、丙醇、乙二醇、乙二醇二甲醚等。

(7) 去屑止痒剂，如六氯酚、水杨酰对溴苯胺、三聚磷酸钠等。

(8) 护发调理剂，如羊毛脂、高级脂肪醇及其衍生物、山梨醇衍生物、羟丙基双硬脂基二甲基氯化铵、钨酸钠、薄荷酸、乙酸羊毛酯、维生素 B_6、胆固醇、卵磷脂、水解动物蛋白、月桂酰肌氨酸钠、骨胶原水解产物等。

(9) 着色剂，如 FD&C 或 D&C 涂料等。

(10) 染色剂，如吲哚类染料、铁盐型染发剂或其他天然染料和合成染料等。

(11) 氧化剂，如双氧水、过硼酸盐和过硫酸盐等。

(12) 还原剂，如巯基乙酸盐等。

(13) 珠光剂，如乙二醇二硬脂酸盐、闪光剂等。

(14) 增塑剂，如甘油、丙二醇等。

以及其他常用添加剂。

本品所用香料或香精包括白兰花油、澳大利亚檀香油、留兰香油（精馏）、依兰依兰油、香叶油、月桂叶油等天然香料及茉莉花、百合花、素馨兰、紫丁香、玉兰花、紫罗兰、橙花油、康乃馨、白兰、玫瑰和兔耳等日用香精。

有机溶剂可以是丙酮和醇类，例如乙醇、丙醇、丁醇、异丙醇和异丁醇等。

气体推进剂包括异丁烷，丙烷/丁烷（40/60 或 25/75），氟利昂 F-12、氟利昂 F-22 和氟利昂 F-13 等。

水可以是蒸馏水或去离子水。

产品应用

1＃产品具有独特的护发定型效果。

2＃产品涂抹后可使头发蓬松柔软、富有弹性、光泽自然、易于梳理，经电吹风造型后，定型效果特佳，且能使发型持久。

3＃产品具有滋润和营养头发的功能，经常使用可防止秃发。

4＃产品除了具有正常的护发定型功效外，还具有一定的去屑止痒和杀菌功能，经常使用可使头发光洁柔软。

5＃产品除了具有护发定型功能外，还有染发之辅助效果。

6＃产品男女皆宜，具有适度的整发和滋润效果。

产品特性 本品由沙枣树胶同时作为成膜物质和发泡剂，含有普通合成高分子化合物类摩丝所没有的天然营养素和微量元素，发泡均匀稳定，成膜快，定型效果好，发型持久，且有透气和透湿性。

配方 17 天然树胶护发定型摩丝

原料配比

原料		配比(质量份)				
		1#	2#	3#	4#	5#
A	脂肪醇聚氧乙烯醚	2	—	—	—	—
	烷基酚聚氧乙烯醚	—	4	—	—	—
	烷基硫酸钠	—	—	3	—	—
	脂肪醇聚氧乙烯醚硫酸酯	—	—	—	8	—
	斯盘	—	—	—	—	10
B	阿拉伯树胶溶液	65	—	—	—	53
	沙枣胶溶液	—	55	—	45	—
	酸枣胶溶液	—	—	55	—	—
C	蓖麻油	2	—	—	—	—
	黑种草籽油	—	5	—	8	—
	红花油	—	—	5	—	—
	杏仁油	—	—	—	—	7
D	甲基硅烷	4	—	—	—	5
	硅氧烷	—	4	—	6	—
	硅油	—	—	5	—	—
E	乙基纤维素	2	—	—	—	5
	交联聚丙烯酸树脂	—	4	—	—	—
	聚乙烯吡咯烷酮	—	—	6	—	—
	聚乙烯吡咯烷酮乙酸乙烯酯共聚物	—	—	—	8	—
F	乙醇	10	—	—	—	5
	丙三醇	—	8	—	—	—
	三乙醇胺	—	—	10	—	—
	丙二醇	—	—	—	10	—
香精		0.1	0.1	0.1	0.1	0.1
抗氧剂		0.05	0.05	0.05	0.05	0.05
推进气		15	20	15	15	15

注：A 为表面活性剂；B 为天然树胶溶液；C 为药用植物油；D 为助剂；E 为合成胶；F 为溶剂。

制备方法

(1) 天然树胶的加工处理：将天然树胶溶于溶剂中，过滤，浓缩为 7%～8%的树胶溶液，然后加入抗氧剂；

(2) 配制甲组分：将表面活性剂、药用植物油、天然树胶溶液、助剂混合，于 40～70℃加热 10～15min；

(3) 配制乙组分：将合成胶溶于溶剂中，于 40～65℃加热 10～15min；

(4) 于 50～60℃温度下将乙组分在搅拌下加入到甲组分中，充分搅拌均匀，冷至 40℃加入香精，冷至室温，装罐，加入推进气体，即得成品。

原料配伍 本品中各组分质量份配比范围是：合成胶 1～10，天然树胶(7%树胶溶液) 40～70，药用植物油 1～10，表面活性剂 1～5，溶剂 5～10，助剂 1～10，抗氧剂 0.01～0.1，香精 0.01～0.1，推进气 10～20。

合成胶可以是乙基纤维素、聚乙烯吡咯烷酮乙酸乙烯酯共聚物、聚乙烯吡咯烷酮、交联聚丙烯酸树脂中任意一种。

天然树胶可以是阿拉伯树胶、酸枣胶、沙枣胶中任意一种。

药用植物油可以是红花油、黑种草籽油、蓖麻油、杏仁油中任意一种。

表面活性剂可以是脂肪醇聚氧乙烯醚、烷基酚聚氧乙烯醚、脂肪醇聚氧乙烯醚硫酸酯、烷基硫酸钠、斯盘中任意一种。

溶剂可以是乙醇、丙二醇、丙三醇、三乙醇胺中任意一种。

助剂可以是硅油、硅氧烷、甲基硅烷中任意一种。

抗氧剂可以是对羟基苯甲酸酯、维生素 B、苯甲酸钠中任意一种。

产品应用 本品除具有固定发型的作用外，还可使头发柔软、滋润、乌黑光亮、易于梳理，长期使用还具有生发、乌发的特殊功效。

产品特性 本品原料配比科学，工艺简单，成本较低，适合工业化生产；产品手感细腻、泡沫均匀、富有弹性、香味宜人，耐热及耐寒性能好，使用效果理想；产品经毒性测试及理化性能测试，均符合国家标准，对人体无任何不良影响。

配方 18 护发啫喱水

原料配比

原料	配比(质量份)
十六烷基三甲基氯化铵	0.5
十八烷基三甲基氯化铵	0.8
PVP 甲基丙烯酸二甲氨基乙酯共聚物	14
高岭土溴化物	0.5
丙烯甘醇(1,2-亚乙基二醇)	1
丙二醇	0.2
水解角蛋白	5
重氮基碳酰二胺	0.2
二甲聚硅氧烷共聚醇	0.6
多山梨醇酯 20	0.5
水	加至 100

制备方法 将各组分混合溶于水中。

原料配伍 本品中各组分质量份配比范围是：十六烷基三甲基氯化铵 0.1～1，十八烷基三甲基氯化铵 0.1～1.5，PVP 甲基丙烯酸二甲氨基乙酯共聚物 10～18，高岭土溴化物 0.3～0.8，丙烯甘醇（1,2-亚乙基二醇）0.8～1.5，丙二醇 0.1～0.5，水解角蛋白 1～8，重氮基碳酰二胺 0.1～0.5，二甲聚硅氧烷共聚醇 0.1～0.8，多山梨醇酯 20 为 0.1～0.8，水加至 100。

产品应用 本品能够护理头发，修饰及固定发型。

产品特性 本品原料易得，配比科学，成本低廉，工艺简单，节能环保；产品使用方便，易清洗，效果理想，对人体无任何不良影响。

配方 19 天然树胶护发定型啫喱水

原料配比

原料		配比(质量份)			
		1#	2#	3#	4#
天然树胶	沙枣树胶	0.5	30	—	—
	酸枣树胶	—	—	15	—
	阿拉伯树胶	—	—	—	20
溶　剂	乙醇	4.5	—	—	4
	丙二醇	—	2.5	—	—
	三乙醇胺	—	—	3	—
定　型保湿剂	甘油	5	—	—	—
	三乙醇胺	—	3	—	—
	2-吡咯烷酮-5-羧酸钠	—	—	4	—
	丙二醇	—	—	—	4.5
乙酸丙酸纤维素		14	8	10	12
卡松		0.06	0.03	0.05	0.05
香精		0.2	0.1	0.15	0.2
吐温-20		0.8	0.4	0.6	0.6
去离子水		加至 100	加至 100	加至 100	加至 100

制备方法

(1) 将天然树胶溶于去离子水中，过滤，得树胶溶液；

(2) 将树胶溶液 (1) 与吐温-20 混合后，于 40～70℃下加热 10～15min，得 A 组分；

(3) 将乙酸丙酸纤维素溶于溶剂中，于 40～60℃下加热 10～15min，得 B 组分；

(4) 于温度 50～60℃条件下将 A 组分在搅拌下加入 B 组分中，充分搅拌均匀，降温至 40℃加入定型保湿剂、香精、卡松，冷却至室温，装罐即可。

原料配伍 本品中各组分质量份配比范围是：天然树胶 0.5～30，乙酸丙酸纤维素 8～14，定型保湿剂 3～5，卡松 0.03～0.06，溶剂 2.5～4.5，香精 0.1～0.2，吐温-20 为 0.4～0.8，去离子水加至 100。

天然树胶可以是沙枣树胶、酸枣树胶或阿拉伯树胶。

定型保湿剂可以是甘油、2-吡咯烷酮-5-羧酸钠或三乙醇胺。

溶剂可以是乙醇、丙二醇或三乙醇胺。

产品应用 本品除具有定型效果外，还对头发具有营养、柔软、滋润、色泽黑亮等作用，是纯天然美发、护发、养发用品。

产品特性 本品原料易得，配比科学，工艺简单，质量容易控制；产品使用方便，效果理想，无不良反应，不损伤发质。

配方 20 美发光亮定型液

原料配比

原料	配比(质量份)		
	1#	2#	3#
甜柚干种子	1	1	1
纯净水	15	20	18
抗氧化剂	0.0005	0.001	0.0015

注：1#为优质美发光亮定型液；2#为普通型美发光亮定型液；3#为最佳型美发光亮定型液。

制备方法 先将甜柚干种子和纯净水放入容器中，再对容器加热，使容器内的水温保持在50～100℃的范围内，让甜柚干种子在容器内浸泡5～8h，然后将浸泡液在80～100目滤网下过滤，最后在甜柚干种子的滤液中加入抗氧化剂，经搅拌后即为胶状液体成品，包装入库。

原料配伍 本品中各组分质量份配比范围是：甜柚干种子1，纯净水15～20，抗氧化剂0.0005～0.0015。

产品应用 本品的使用方法与现有美发护发用品的使用方法相同，使用一次后三天内只要每天早晨用温水梳理可保持光亮和原定发型的效果。适合各美容美发店和各年龄段人员使用。

产品特性 本品原料易得，配比科学，工艺简单；产品不含化学制剂，可避免现有美发护发用品对使用者的皮肤和头发产生的伤害，特别是能避免对从事美发、护发人员呼吸道的伤害；产品的主要载体是纯净水，不属易燃易爆物品，方便出差和旅行者携带和使用。

配方 21 天然角蛋白头发定型液

原料配比

原料	配比(质量份)
水解角蛋白粉	10
硅氧烷	1
甘油	5
尿素	2
果酸	1
纯水	80

制备方法 将上述各原料充分混合后即得。

原料配伍 本品中各组分质量份配比范围是：水解角蛋白粉8～12，硅氧烷0.5～1.5，甘油3～7，尿素1～3，果酸0.5～1.5，纯水76～85。

产品应用 本品用于塑造发型，并且对头发和皮肤都具有养护作用。

使用方法：在洗发后头发半干时，取几滴本品于手心先搓匀，再涂拢于头发，反复涂抹均匀，然后就可随意梳理造型；或者取少量用手指涂搓在需要定型的头发部位即可。手上残留的定型液可不必洗去。

产品特性 本品原料配比科学，工艺简单，质量稳定；产品使用方便，用后定型自然，头发弹性适中，翻梳造型容易，不粘手和灰尘，不会干燥起白屑，不怕潮湿天气，效果理想。

配方 22 天然药物型保健护发固型剂

原料配比

原料	配比(质量份)		
	1#	2#	3#
水解明胶	3.5	3	6
生鸡蛋清	3.5	3	5
生大蒜汁	1.9	1.5	4
甘油	2.6	2	4
甘草酸	0.9	0.5	2
药物制取液 A	15	16	12
药物制取液 B	15	16	12
冷水	57.6	58	55
香精	1	0.5	1
防腐剂	1	0.5	1

其中药物制取液配方：

原料		配比(质量份)		
		1#	2#	3#
药物制取液A	甘草	25	15	40
	当归	20	15	35
	人参(高丽参)	25	10	35
	枸杞	20	15	40
	首乌(制首乌)	30	20	25
	槐花米	25	15	40
	旱莲草(墨旱莲)	30	25	50
	夜交藤(首乌藤)	25	20	50
药物制取液B	川芎	30	15	50
	细辛	30	15	50
	桑葚(桑葚子)	25	15	40
	薄荷(薄荷叶)	25	15	40
	紫珠草(紫珠叶)	30	20	50
	白芷	25	15	50
	菊花(甘菊花)	60	50	100
	半边莲	30	20	50

制备方法

（1）制备药物制取液 A：将配方中的中草药倒入反应器中，加入中草药质量 3～4 倍的冷水，浸泡 30min 后，加热煮沸，保持微沸至 40min 时，停止加热，将药液倒出或滤入无毒的塑料容器中备用；然后进行第二次制取药液，加入中草药质量3～4倍的冷水，按上述方法制取；再进行第三次制取药液，加入中草药质量1.2～2倍的冷水，仍按上述方法制取；最后将三次制取的药液一并装入无毒塑料容器中备用。

(2) 制备药物制取液B：将配方中的中草药倒入反应器中，加入中草药质量3～4倍的冷水，浸泡30min后，加热煮沸，沸腾20min时，停止加热，将药液倒出或滤入无毒的塑料容器中备用；然后进行第二次制取药液，加入中草药质量3～4倍的冷水，按上述方法制取；再进行第三次制取药液，加入中草药质量1.2～2倍的冷水，仍按上述方法制取；最后将三次制取的药液一并装入无毒塑料容器中备用。

(3) 制备护发固型泡沫剂：取水解明胶倒入加热器中，再加入冷水10～20份浸泡1h，然后进行加热，温度不超过71℃，并进行搅拌至水解明胶熔化成黏浆液，趁热将熔化了的明胶液倒入盛有40～45份软水的容器中搅拌均匀，待冷却后加入生鸡蛋清，混合均匀后再加入药物制取液A、药物制取液B和生大蒜汁，搅拌均匀后加入甘油、甘草酸，搅拌均匀，再加入香料和防腐剂即得。

原料配伍 本品中各组分质量份配比范围是：水解明胶3～6，生鸡蛋清3～5，生大蒜汁1.5～4，甘油2～4，甘草酸0.5～2，药物制取液A 10～20，药物制取液B 10～20，冷水50～65，香精0～1，防腐剂0～1。

药物制取液A中各组分的质量份配比范围是：甘草15～40，当归15～35，人参（高丽参）10～35，枸杞15～40，首乌（制首乌）20～25，槐花米15～40，旱莲草（墨旱莲）25～50，夜交藤（首乌藤）20～50。

药物制取液B中各组分质量份配比范围是：川芎15～50，细辛15～50，桑葚（桑葚子）15～40，薄荷（薄荷叶）15～40，紫珠草（紫珠叶）20～50，白芷15～50，菊花（甘菊花）50～100，半边莲20～50。

产品应用 本品对头皮毛发病症均具有理疗功效，具体如下：

(1) 对维生素、氨基酸、蛋白质及矿物质等的缺乏和皮脂腺激素平衡失调引起的头皮毛发病症，如脂溢性皮炎和鳞状皮肤癣病有抑制与治疗作用，并能抑制癌细胞的生长。

(2) 使血管扩张，增加毛囊部位血液循环，促进新陈代谢，增加表皮的营养供给和吸收作用，延缓细胞衰老，防止洗发一段时间后尘埃细菌的侵入引起皮肤感染发炎，对头皮毛发受紫外线辐射的损伤有抵抗作用。

(3) 能改善头皮的血液循环，使毛乳头的血液增加，增加黑色素细胞的养料和促进黑色素颗粒合成沉积，防止发根处长出白发而促使白发变黑。

(4) 对于过度使用和滥用刺激性的毛发制剂，如含酒精的喷发胶、强酸碱性的冷烫精剂、染发膏剂等引起的头发脱落、干燥变黄、变脆断发、发梢分叉、头皮发炎发痒、头屑的生成等症，有抑制和特殊的恢复作用。

产品特性 本品原料配比科学，加工精细，质量稳定；固定发型护发效果好，透气性强、光泽度好，使头发易于梳理且梳理时无碎膜雪花式的脱落现象，对改善头发外观、滋润秀发有特殊的功效；无不良反应，安全可靠。

配方 23 中草药护发定型水

原料配比

原料		配比(质量份)		
		1#	2#	3#
人参		20	10	15
当归		25	10	17
熟地		20	10	20
旱莲草		20	10	17
木瓜		20	10	15
侧柏叶		20	20	30
天冬		40	10	30
麦冬		40	10	30
玉竹		35	20	25
首乌		30	15	30
桑白皮		20	10	20
桑葚子		30	10	30
石榴皮		30	15	25
20%的蜂蜜		400(体积)	—	—
10%的蜂蜜		—	100(体积)	—
15%的蜂蜜		—	—	270(体积)
抗氧化防腐剂	乙二胺四乙酸二钠	5	1	2.7
	异抗坏血酸	5	1	2.7
	对羟基苯甲酸丙酯	5	1	2.7
	对羟基苯甲酸甲酯	5	1	2.7
乙醇		10(体积)	5(体积)	5(体积)

制备方法

(1) 将人参、当归、熟地、旱莲草、木瓜、侧柏叶、天冬、麦冬、玉竹、首乌、桑白皮、桑葚子、石榴皮制成碎块，用水浸泡 2h；

(2) 将物料 (1) 置入 DH-Ⅰ型中药煎药机的不锈钢罐内，加热至 1 个大气压，再加热至 100℃后 45min，获得原液；

(3) 将原液 (2) 过滤，静置 0.5h 沉淀后，取上清液置入 3000r/min 离心机，离心 5min，取透明原液；

(4) 将透明原液 (3) 置于浓缩罐加热至 100℃灭菌浓缩至所需定量；

(5) 加入 10%～35%的蜂蜜至浓缩罐内的透明原液中，搅拌，冷却至室温；

（6）将乙二胺四乙酸二钠、异抗坏血酸加入透明原液中搅拌至完全溶解；

（7）将对羟基苯甲酸丙酯、对羟基苯甲酸甲酯先在少量的醇（乙醇）中溶解，再将其加入透明原液中搅拌，混匀即可。

原料配伍 本品中各组分质量份配比范围是：人参10～20，当归10～25，熟地15～30，旱莲草10～25，木瓜10～20，侧柏叶20～40，天冬10～40，麦冬10～40，玉竹20～35，首乌15～35，桑白皮10～30，桑葚子10～40，石榴皮15～35，蜂蜜100～400（体积），抗氧化防腐剂微量。

所述抗氧化防腐剂包括：乙二胺四乙酸二钠、异抗坏血酸、对羟基苯甲酸甲酯、对羟基苯甲酸丙酯，其添加比例在0.1%～0.25%之间。

产品应用 本品不仅有定型效果，而且具有乌发、润发、营养保健头发的功能。

产品特性 本品工艺简单合理，组方性质温和，无任何刺激性，药物直接作用于头皮和发质，有标本兼顾的作用。

第七章
染发烫发剂
Chapter 07

第一节　染发烫发剂配方设计原则

一、 染发烫发剂的特点

染发剂是给头发染色的一种化妆品，分为暂时性、半永久性、永久性染发剂。中国人属于黄色人种，多以白发染黑为美，因此染发剂也比较单调。欧美人习惯先将头发漂浅或漂白，然后再将头发染成金色、黄色、亚麻色、红棕色、紫罗兰色等，故其染发剂花色品种繁多。

染发剂普遍含有对苯二胺这种致癌物质，专家称，对苯二胺是染发剂中必须用到的一种着色剂，但也是国际公认的一种致癌物质。

暂时性染发剂：暂时性染发剂是一种只需要用香波洗涤一次就可除去在头发上着色的染发剂。由于这些染发剂的颗粒较大，不能通过表皮进入发干，只是沉积在头发表面上，形成着色覆盖层。这样染发剂与头发的相互作用不强，易被香波洗去。

半永久性染发剂：半永久性染发剂一般是指能耐 6～12 次香波洗涤才褪色。半永久性染发剂涂于头发上，停留 20～30min 后，用水冲洗，即可使头发上色。其作用原理是分子量较小的染料分子渗透进入头发表皮，部分进入皮质，使得它比暂时性染发剂更耐香波的清洗。由于不需使用双氧水，不会损伤头发，所以近年来较为流行。

永久性染发剂：永久性染发剂分为植物永久性、金属永久性、氧化永久性三种。

（1）植物永久性　利用从植物的花茎叶提取的物质进行染色，价格贵，在国内还较少使用。

（2）金属永久性　以金属原料进行染色，其染色主要沉积在发干的表面，色泽具有较暗淡的金属外观，使头发变脆，烫发的效率变低。

（3）氧化永久性　市场上的主流产品，它不含有一般所说的染料，而是含有染料中间体和偶合剂，这些染料中间体和偶合剂渗透进入头发的皮质后，发生氧化反应、偶合和缩合反应而形成较大的染料分子，被封闭在头发纤维内。由于染料中间体和偶合剂的种类不同、含量比例的差别，故产生色调不同的反应产物，各种色调产物组合成不同的色调，使头发染上不同的颜色。由于染料大分子是在头发纤维内通过染料中间体和偶合剂小分子反应生成。因此，在洗涤时，形成的染料大分子是不容易通过毛发纤维的孔径被冲洗。

烫发的概念，是指通过物理和化学的反应过程，使头发变曲或变直。首先是减氧过程（化学反应），氢硫基乙酸把头发中氧带走从而打开硫键锁，理想的烫发效果只需打开头发中 1/3 的硫键锁；其次是上发卷（物理过程），头发的改变因为发卷的影响而改变；最后是加氧过程（化学反应），定型过程中，中和剂的氧分子将硫键锁重组。

一般烫发剂都是有两剂一个组合，第一剂为软化剂；第二剂为定型剂。它结合影响发质的气候、饮食等因素，采用南北差异化配方，可激活、强化、重建头发脆弱细胞，让头发享受 360°全方位保护，避免头发烫后干燥无光泽，保持头发生命之初的健康。

二、 染发烫发剂的分类及配方设计

染发剂：将灰白色头发染成黑色、红褐色、棕色或金色等深浅不同颜色的毛发化妆品。根据染色的原理，可分为深入发髓内部的永久性染发剂和黏着于头发表面的暂时性染发剂两种。

永久性染发剂（又名氧化染发剂）由含有氧化染料的 1 号药剂和含有氧化剂的 2 号药剂组成，兼具漂白和染色的双重机能。染色的原理是把处于还原状态的氧化染料渗透到发髓内部，再氧化而成不溶性的色素。

以染黑色发为例，1 号药剂主要成分可以是对苯二胺（主染料）、2，4-二氨基甲氧基苯（偶合剂）、间苯二酚（调色剂）等氧化染料。将它们溶于异丙醇内，再配以促使染料均匀附着渗透的油酸，和乙氧基化油醇等表面活性剂以及能使头发膨胀以便于氧化的氨水等。2 号药剂的主要成分为氧化剂，通常为双氧水。为了防止储存期中的分解，一般都添加有稳定剂，还有金属螯合剂、防腐剂和 pH 调整剂。染发时一般等体积混合两种药剂，涂敷在头发上一定时间后，将药液洗去即成。

暂时性染发剂（又名矿物性染发剂）由乙酸铅、柠檬酸铋、硝酸银等金属盐配制而成，为乳膏状。涂敷于头发上，由于这些化合物生成的颜色，或是由于头发角朊中存在的 S—S 链和金属元素之间的反应，使头发染成黑色。

目前流行的各种染发剂中的有效成分如果进入人体都是有害的，因此头皮有破损者不能使用。在使用前应做皮肤试验，以免产生过敏。

烫发剂用于使头发形成永久性的卷曲形态，美化头发的外观。烫发的化学原理非常复杂。头发中的S—S结合起重要作用，烫发有化学软化、重新排列和固定3个过程。

长期为人们使用的烫发方式是电烫，是一种利用药液和加热相结合的方法。开始时用的药液以硼砂为主，后来发展到使用氨水、三乙醇胺、单乙醇胺和碳酸钾、碳酸钠、亚硫酸钾、亚硫酸钠等。电烫用药液中的大多数化合物是对离子结合起作用的，而作为还原剂的亚硫酸盐则对离子结合和S—S结合同时起作用，可以下列反应式表示（R为多肽链）：

$$R \cdot SS \cdot R + Na_2SO_3 \longrightarrow R \cdot SNa + R \cdot SSO_3Na$$

普遍使用的烫发方法为化学烫发，又称冷烫。冷烫所用的药剂分为1号和2号两种。1号药剂（卷曲液）为碱性下的还原剂，一般为4%～14%巯基乙酸铵，并加入氨水或三乙醇胺等碱性物质，以促进效果，调整pH值为9.0～9.5。为了保护头发及提高使用性能，要掺和一些油分和表面活性剂。2号药剂（中和剂）以氧化剂为主要成分，呈液状或粉末状。液状一般是双氧水，粉末状为溴酸钾、高硼酸钠等。

冷烫的过程是先将由α型角朊组成的头发通过卷曲被拉伸成β型，然后涂上1号药剂使S—S结合在卷曲状态下裂断，反应式为：

$$R \cdot SS \cdot R + 2R' \cdot SH \longrightarrow 2R \cdot SH + R' \cdot SS \cdot R'$$

用水洗净残余药剂后，再涂以2号药剂，待氧化反应完成，即重新形成在卷曲状态下稳定的S—S结合。

冷烫操作方便，是目前世界上流行的烫发方法。

第二节　染发烫发剂配方实例

一、染发剂

配方1　红棕色中药染发剂

原料配比

原料		配比(质量份)		
		1#	2#	3#
1号剂	虎杖	3	8	15
	丁香	10	5	1
	氢氧化铵(28%)	10	10	10
	单乙醇胺(99%)	2	2	2
	亚硫酸钠	0.1	0.3	0.5
	聚丙烯酸钠	0.2	0.2	0.2
	乙二胺四乙酸二钠	0.2	0.2	0.2
	去离子水	加至100	加至100	加至100

续表

原料		配比(质量份)		
		1#	2#	3#
2号剂	过氧化氢	4	3	2
	射干	1	10	15
	丁香	1	5	10
	聚丙烯酸钠	0.2	0.2	0.2
	8-羟基喹啉硫酸盐	0.2	0.2	0.2
	去离子水	加至100	加至100	加至100

制备方法

1号剂的制法是：将聚丙烯酸钠加去离子水（1∶20）浸12h后，加入剩余去离子水、虎杖、丁香、单乙醇胺（99%）、乙二胺四乙酸二钠、亚硫酸钠，搅拌加温至70℃，保持20min，冷却至室温，再加入氢氧化铵（28%），检验，灌装。

2号剂的制法是：

(1) 在A容器中加入60%的去离子水，加入聚丙烯酸钠、射干、丁香，加温至70℃，保温15min，冷却至40℃；

(2) 在B容器中加入剩余40%的去离子水，加热至40℃，将8-羟基喹啉硫酸盐加入，搅拌至完全溶解，然后将物料慢慢加入A容器中，冷却至30℃，再加入过氧化氢，搅拌、检验、灌装。

原料配伍 本品包括1号剂和2号剂。

1号剂中各组分的质量份配比范围是：虎杖（红棕色染料）3～15，丁香（渗透剂）1～10，碱化剂氢氧化铵（28%）和单乙醇胺（99%）适量，聚丙烯酸钠（增稠剂）0.2，亚硫酸钠（抗氧化剂）0.1～0.5，乙二胺四乙酸二钠（螯合剂）0.2，去离子水加至100。

碱化剂的用量使1号剂保持pH值为9～10。

2号剂中各组分的质量份配比范围是：过氧化氢（按100%计）2～4，射干1～15，丁香（渗透剂）1～10，聚丙烯酸钠（增稠剂）0.2，8-羟基喹啉硫酸盐（稳定剂）0.2，去离子水加至100。

产品应用 本品用于将头发染为红棕色。

使用方法：染发前先洗头，吹干；然后把1号剂与2号剂按1∶1的比例调匀，涂在头发上，40℃保温20min左右，冷却10min；再用香波洗头，吹干即可。

产品特性 本品原料配比及工艺科学合理，不含任何化学颜料，无毒，不会引起细胞染色体突变，使用安全；过氧化氢含量低，因而能较大程度减轻染发剂对发质的损害，染后头发光泽有弹性，可保持较长时间不褪色。

配方 2　碱性藏红 T 染发剂

原料配比

原料	配比(质量份)	
	1#	2#
巯基乙酸铵	5	4
亚硫酸钠	1	0.18
硫代硫酸钠	1	0.9
羧甲基纤维素钠(增稠剂)	5	—
黄原胶(增稠剂)	—	6
乙二胺四乙酸二钠	0.4	0.3
一乙醇胺	15	16
碱性藏红 T	1	1.2
去离子水	加至 100	加至 100

制备方法　将巯基乙酸铵、亚硫酸钠、硫代硫酸钠、羧甲基纤维素钠或黄原胶（增稠剂）、乙二胺四乙酸二钠、一乙醇胺、碱性藏红 T 依次缓慢加入去离子水中，并辅以搅拌，直到各组分完全溶解，继续搅拌至溶液均匀，即得染发剂，如量大，超过 10kg 最好用均质机，均质后再包装。

原料配伍　本品中各组分质量份配比范围是：巯基乙酸铵 2～8，亚硫酸钠 0.1～2，硫代硫酸钠 0.5～2，羧甲基纤维素钠或黄原胶（增稠剂）1～10，乙二胺四乙酸二钠 0.1～1.5，一乙醇氨 10～20，碱性藏红 T 为 0.1～1.5，去离子水加至 100。

增稠剂可以是羧甲基纤维素钠（CMC）、黄原胶。

巯基乙酸铵、硫代硫酸钠、亚硫酸钠、增稠剂、乙二胺四乙酸二钠、一乙醇铵和去离子水组成头发软化处理剂；碱性藏红 T 溶液构成染料制剂。

头发软化处理剂能和头发丝的双硫键作用，使发丝的鳞片张开，使头发膨胀软化，染料分子进入发丝内后，可以与发丝内带负电荷的分子结合，头发丝的鳞片闭合后，染料分子便留在头发丝内，形成半永久性染发剂。

产品应用　本品用于将白发染黑。

使用方法：先将头发洗净，用毛巾擦净头发上的水分，然后将染发剂均匀涂抹在头发上，室温下保持 30～40min 后，用温水冲洗干净即可。

产品特性　本品工艺简单，配方科学，使用方便，用后头发色泽光亮、柔顺自然，并且无不良反应，不损伤头皮。

配方3 焗油染发剂

原料配比

原料		配比(质量份)
第1剂	去离子水	85～96
	抗氧剂	0.4～1
	毛发染料	0.3～3
	柔软剂	0.5～2.5
	乳化硅油	0.5～3
	表面活性剂	0.4～2
	螯合剂	0.1～0.5
	止痒去屑剂	0.2～1
	碱	适量
第2剂	去离子水	60～80
	过氧化氢稳定剂	0.1～0.5
	过氧化氢	20～40
	卡波树脂	0.5～3

制备方法

第1剂的制法是：取去离子水加入乳化锅内，加热升温至70～80℃，在搅拌下加入抗氧剂、毛发染料、柔软剂、乳化硅油、表面活性剂、螯合剂、止痒去屑剂，待其搅拌溶解完全后，通水夹套冷却，降至内温40℃以下后，加碱调节pH值至9～11，放料，灌装。

第2剂的制法是：取去离子水加入乳化锅内，加热升温至60～80℃，在搅拌下加入过氧化氢稳定剂，待其溶解后，通水夹套冷却至40℃以下，加入过氧化氢、卡波树脂，混合溶解均匀后放料，灌装。

原料配伍 本品由第1剂和第2剂组成。

第1剂中各组分的质量份配比范围是：去离子水85～96，抗氧剂0.4～1，毛发染料0.3～3，柔软剂0.5～2.5，乳化硅油0.5～3，表面活性剂0.4～2，螯合剂0.1～0.5，止痒去屑剂0.2～1，碱适量。

抗氧剂可以是亚硫酸钠、维生素C等；柔软剂可以是聚季铵盐、丝蛋白等；表面活性剂可以是脂肪醇聚氧乙烯醚、单硬脂酸甘油酯；螯合剂可以是乙二胺四乙酸二钠；止痒去屑剂可以是甘宝素、酮康唑等。

第2剂中各组分的质量份配比范围是：去离子水60～80，过氧化氢稳定剂0.1～0.5，过氧化氢20～40，卡波树脂0.5～3。

过氧化氢稳定剂可以是乙酰苯胺、EDTA等。

产品应用 使用时将第1剂、第2剂等量混合，就能呈均匀黏稠的糊状，立即可涂抹到需染的毛发上。

产品特性 本品为两剂型焗油染发剂，第1剂为乳液，使用时无需溶解和反复搅拌，非常方便。因为是乳液，可以添加毛发所需的营养元素以及止痒去屑功能的物质，不但染发效果好，并且能起到养发、护发、止痒去屑等作用。

第2剂选用卡波树脂为胶黏剂，是水溶性的增稠树脂，无臭、无刺激性，是化妆品及药品的基质原料，其溶于水中为弱酸性，pH值约为3，在弱酸性条件下为流动的液体，中和至近中性以上时为黏稠膏体，所以在生产时直接把卡波树脂溶入过氧化氢溶液内。

使用本品染发时操作极为方便，且染后的头发蓬松柔软，富有健康的光泽，本品对头皮无刺激，安全可靠。

配方4 抗染发过敏防护剂

原料配比

原料	配比(质量份)			
	1#	2#	3#	4#
甘草	0.5	0.75	1	2
黄芩	0.8	1.5	2	4
黄芪	0.1	0.25	0.5	1
黄瓜素	0.2	0.5	1	1.5
人原代胶原细胞	5×10^6(个)	5.2×10^6(个)	5.4×10^6(个)	5.6×10^6(个)
植物血凝素	0.001～0.003	0.001	0.002	0.003
过硫酸钾	0.001～0.1	0.001	0.01	0.1
过硫酸钠	0.002～0.2	0.002	0.02	0.2
维甲酸	0.005～0.5	0.005	0.05	0.5
尿素	2	3.6	6	8
丁二醇	适量	适量	适量	适量
水	加至100	加至100	加至100	加至100

制备方法

(1) 在无菌条件下，于37℃培养人原代胶原细胞至致密单层；

(2) 在无菌条件下，于37℃加入经提纯的甘草、黄芩、黄芪和黄瓜素；

(3) 在无菌条件下，于37℃加入植物血凝素培养48h，然后加入维甲酸培养24h；

(4) 将上述物质加入无菌装置，在22～25℃下，以5000r/min离心45min，获取上清培养物；

(5) 进行无菌化处理，钴60照射1h；

(6) 加入尿素稳定；

(7) 配置终浓度的防护剂。

制备过程中，对植物提纯的方法是：首先将需要被提纯的植物洗净，在室温下水切，干燥；然后加入相当于原料干重6倍的丁二醇与去离子水混合液，丁二醇与去离子水的比例为(2～4)∶(6～8)(即丁二醇为20%～40%，其余为去离子水)，制成水性提取物，在60～80℃下提取8h；最后减压，在20℃下除去溶剂，得到提取物，并溶于比例为1∶1的过硫酸钾和过硫酸钠溶液中。

原料配伍 防护剂中各组分的质量份配比范围是：经提纯的植物甘草 0.5～2，经提纯的植物黄芩 0.8～4，经提纯的植物黄芪 0.1～1，经提纯的植物黄瓜素 0.2～1.5，人原代胶原细胞单层 5×10^6～5.6×10^6 个细胞，植物血凝素 0.001～0.003，过硫酸钾 0.001～0.1，过硫酸钠 0.002～0.2，维甲酸 0.005～0.5，尿素 2～8，水加至 100。

产品应用 本品可用于洗发香波，配套染发盒，作为治疗染发致敏的外用制剂，抗过敏的皮毛、假发染料等。

抗染发剂过敏的防护剂可应用于包含对苯二胺的染发剂中，其中的染发剂与防护剂的质量份配比是：1∶(1.5～2)，较好为 1∶1.5。

产品特性 本品在依然使用对苯二胺染发的情况下，可以减少和阻止人在染发时的致敏和吸收中毒的发生，使染发剂的使用状况大为改善；给临床医生提供了对苯二胺致敏性皮炎的有效治疗措施；能使染发剂变应性接触性皮炎患者病情明显减轻，病程缩短；使染发剂敏感者在染发时及染发后不发生或少发生过敏反应；含有防护剂的染发剂还可明显缩短染发时间（从 10min 至 0.5h），且染发后效果自然；产品形式可以是液态，也可制成不同形式，使用方便、安全、效果可靠。

配方 5 芦丁或槲皮素染发剂

原料配比

原料		配比(质量份)	
		1#	2#
第 1 剂	巯基乙酸钠	2～4	—
	硫代硫酸钠	—	15～20
	亚硫酸钠	0.5～1.5	0.5～1.5
	羧甲基纤维素钠	0.5～2	0.5～2
	乙二胺四乙酸二钠	0.2～0.5	0.2～0.5
	一乙醇胺	1～2	1～2
	水	加至 100	加至 100
第 2 剂	芦丁	6～8	6～8
	羧甲基纤维素钠	1～30	1～30
	十二烷基硫酸钠	1～1.7	1～1.7
	水	加至 100	加至 100
第 3 剂	硫酸铝	6～8	6～8
	羧甲基纤维素钠	1～30	1～30
	十二烷基硫酸钠	1～1.7	1～1.7
	水	加至 100	加至 100

制备方法 将各剂按配方备好药品后搅拌均匀即可，如果量大，超过 10kg 最好用均质机，均质之后再包装。成品可以制成粉剂或膏体。

原料配伍 本品为三剂型。第 1 剂为软化处理剂（简称软化剂），第 2 剂为染色剂，第3剂为离子螯合剂。

第1剂中各组分的质量份配比范围是：巯基乙酸钠2～4或硫代硫酸钠15～20，亚硫酸钠0.5～1.5，羧甲基纤维素钠0.5～2，乙二胺四乙酸二钠0.2～0.5，一乙醇胺1～2，水为加至100。

第2剂中各组分的质量份配比范围是：芦丁6～8，羧甲基纤维素钠1～30，十二烷基硫酸钠1～1.7，水为加至100。

第3剂中各组分的质量份配比范围是：硫酸铝6～8，羧甲基纤维素钠1～30，十二烷基硫酸钠1～1.7，水为加至100。

以上配方染出的头发为亮黄色。如果将第3剂中的硫酸铝换成硫酸亚铁(其余成分与用量不变)，就可以染成黑褐色的头发。

纯净的芦丁和槲皮素都为淡黄色结晶，它们能和金属离子作用而产生新的颜色。

由于槲皮素和芦丁的分子较大，所以进入发丝内的速度较慢，因此采用对头发进行软化处理的方法。巯基乙酸钠、硫代硫酸钠能够和头发丝中的双硫键作用，使发丝的鳞片张开，使头发软化，染料分子易于进入发丝内。当染料分子进入发丝内后再和进入发丝内的金属离子螯合形成更大的分子，在发丝的鳞片合起后，这些分子不能从发丝内出来，于是形成永久性染发。

产品应用 本品用于将头发染成亮黄色或黑褐色。

使用方法：将第1剂、第2剂等体积加入一非金属容器内，再用一非金属棒搅匀，然后用特制的小毛刷（或牙刷）将混合后的药品均匀地涂在头发上，等一段时间，室温20～30℃约15～20min，温度低时可适当加热或延长时间，头发变软后，用水洗去药液；再用第3剂做同样的操作，涂在头发上，稍等(约5min)头发即变成所需的颜色，洗净头发即可。

用量：视头发多少而定。一般男式短发第1剂、第2剂各15mL，第3剂20mL；女短发第1剂、第2剂各约20mL，第3剂约30mL；披肩发者第1剂、第2剂各40mL，第3剂60mL。

如果是黑发人染黄发，则需要对头发脱色，利用市售的脱色剂均可，将黑发脱至所需要的淡色，再实施染发操作。

产品特性 本品工艺简单，配方科学，质量容易控制；使用方便，效果理想，无不良反应，不会导致过敏反应，长期使用能软化血管。

配方6 免水洗快速染发剂

原料配比

实例1

原料	配比(质量份)
染料活性黑 M-2R	3.5
咪唑啉甜菜碱	5
甘草酸	0.1
羊毛脂	0.2
乳酸	0.2
硝酸纤维素	5.4
C_{16}～C_{18}烷醇	0.5
乙醇	13
丁醇	5
甘油	2.5
乙酸丁酯	47.6
纯水	15
香精	2

实例 2

原料	配比(质量份)
染料阳离子黑 RL	5.5
表面活性剂 1227	0.5
表面活性剂烷醇酰胺 6501	4.7
盐酸苯海拉明	0.3
脂肪醇单甘酯	0.6
水杨酸	0.2
醇酸树脂	12
乙醇	8
乙酸丁酯	42
乙酸乙酯	5
纯水	19
香精	2.2

实例 3

原料	配比(质量份)
染料活性黑 M-2R	4
表面活性剂斯盘-80	5.5
表面活性剂 1227	0.4
甘草酸	0.1
羊毛脂	0.7
水杨酸	0.3
硝酸纤维素	12
醇酸树脂	2.4
甘油	1.6
丁醇	6
乙酸乙酯	16
乙酸丁酯	31
纯水	18
香精	2

制备方法

（1）取适量纯水在常温下溶解染料和乳化剂，也可加入护发剂所含的某成分，充分搅拌均匀得色浆；

（2）取杀菌剂、柔软剂、保湿剂、角质溶解剂和溶剂配制成护发剂；

（3）将剩余的溶剂用于溶解皮膜剂制得胶液；

（4）在搅拌条件下将护发剂（2）与胶液（3）混合，并在温度为70～80℃和强力搅拌的状态下与色浆（1）缓缓混合，维持70～80℃保温搅拌1h，冷却至40～50℃，并加入香精稍许后混匀即制成稳定的水包油型乳液产品。

原料配伍 本品中各组分质量份配比范围是：染料3～8，护发剂0.5～5，皮膜剂3～15，乳化剂2～6，有机溶剂50～80，纯水11～20，香精0.5～3。

染料选用无毒并且在常温下与头发表面形成牢固的离子键或共价键的阳离子染料或活性染料，例如阳离子黑RL、活性黑M-2R等。

护发剂中各组分的质量份配比范围如下：杀菌剂0.1～0.5，柔软剂0.1～1，保湿剂0.2～3，角质溶解剂0.1～0.5，溶剂10～20。杀菌剂可以是甘草酸、阳离子表面活性剂1227、盐酸苯海拉明；柔软剂选用阳离子表面活性剂或两性表面活性剂，例如季铵盐或咪唑啉类表面活性剂，具体可以是十二烷基苄基氯化铵、咪唑啉甜菜碱等；保湿剂可以是羊毛脂、甘油、高级脂肪醇类；角质溶解剂可以是乳酸或水杨酸或/和C_{16}～C_{18}烷醇。

皮膜剂选用能在头发表面形成坚固、光滑、柔软薄膜的树脂类物质，例如纤维素树脂、醇酸树脂。

乳化剂选用非离子表面活性剂或阳离子表面活性剂，如烷醇酰胺6501、斯盘-80、吐温-80、蔗糖酯、季铵盐和咪唑啉等。

溶剂使用醇类、酯类溶剂和纯水配制的混合物，具体可以是乙醇、丁醇、乙酸乙酯或乙酸丁酯和纯水配制的混合物。

产品应用 本品具有杀菌、去头屑、营养头发以及保持头发柔软自然的功能，起到染发、护发和整型效果。

产品特性 本品主要具有以下优点：

（1）本品所选用的原料均无不良反应，无刺激性。

（2）制备工艺简单，制得的染发剂染料浓度高、黏度低，梳染均匀而且很快在头发表面成膜，使染发操作简单快速，免除了发色和水洗过程。

（3）选用与头发形成牢固化学键的活性染料，成膜坚韧、光亮、耐水洗、不污染衣物。

（4）本品可以频繁使用，消除了传统定期染发所固有的“根白”和“花白”现象。

配方7 喷雾型染发剂

原料配比

1. 染发摩丝、喷发胶

原料		配比(质量份)		
		1#	2#	3#
A	乌尔丝D	10	11	1.2
	间苯二酚	4	6	1.2
	邻氨基酚	3	5.5	0.8
	亚硫酸氢钠	0.5	0.5	0.1
	聚乙烯吡咯烷酮	1	8	4
	季胺化乙烯吡咯烷酮与乙烯咪唑共聚物	5	1	8
	壬基酚聚氧乙烯醚	0.5	1	0.5
	山梨醇	0.6	2	2.5
	乙醇	—	—	40
	防腐剂尼泊金酯	0.1	1	0.05
	去离子水	加至100	加至100	加至100
	丙烷、异丁烷	15	8	25
B	聚过氧化氢	10	12	5
	聚乙烯吡咯烷酮	1	5	8
	季胺化乙烯吡咯烷酮与咪唑烷酮共聚物	适量	适量	适量
	壬基酚聚氧乙烯醚	0.5	1	0.2
	山梨醇	0.6	2	2.5
	尼泊金酯	0.1	0.5	1
	乙醇	20	30	30
	去离子水	加至100	加至100	加至100
	丙烷、异丁烷	15	8	25

2. 喷雾型染发剂

原料		配比(质量份)		
		1#	2#	3#
A	乌尔丝D	22	10	17
	间苯二酚	5	4.5	5
	邻氨基酚	3	2	3
	亚硫酸氢钠	0.6	0.5	0.1
	羧甲基纤维素	20	10	5
	壬基酚聚氧乙烯醚	0.5	1	0.2
	苯甲酸钠	0.5	0.06	1
	去离子水	加至100	加至100	加至100
	丙烷、异丁烷	15	10	20
B	过氧化氢	5	10	13
	羧甲基纤维素	3	0.6	5
	壬基酚聚氧乙烯醚	0.5	1	0.1
	苯甲酸钠	0.5	0.06	1
	去离子水	加至100	加至100	加至100
	丙烷、异丁烷	15	20	25

制备方法

(1) 将染发成分和固发、调理发滋剂在密闭容器中均匀混合、溶解，然后过滤，得到pH值在5～9的稳定溶液，备用。

(2) 容器罐经过抽真空排除内部的气体后，将制好的溶液灌入该容器中，加入一定量的喷雾剂，根据容器罐及配方不同，即可制成染发摩丝或喷发胶。

(3) 在抽真空的容器罐中只加入染发成分、去离子水、助剂、表面活性发泡剂，即可根据容器罐的不同，制成具有染发功能的泡沫式、喷雾式染发剂。

原料配伍 本系列产品包括染发摩丝，染发摩丝喷发胶，泡沫型染发剂，泡沫型、喷雾型染发剂，其中各组分的质量份配比范围如下：

(1) 染发摩丝：染发成分10～35，固发成分0.5～10，调理成分1～20，表面活性发泡剂0.2～1，滋发成分0.1～3，乙醇0～30，防腐剂0.05～1，去离子水加至100，喷雾、泡沫剂8～25。

(2) 染发摩丝喷发胶由A组分和B组分构成。

A组分：染发成分8～20，固发成分0.5～10，调理成分1～20，表面活性发泡剂0.2～1，滋发成分0.1～3，乙醇0～20，防腐剂0.05～1，去离子水加至100，喷雾、泡沫剂8～25。

B组分：染发成分8～15，固发成分0.5～7，调理成分0.5～2，表面活性发泡剂0.1～1，滋发成分0.1～1，乙醇0～50，防腐剂0.05～1，去离子水加至100，喷雾、泡沫剂8～25。

(3) 泡沫型染发剂：染发成分20～50，固发成分5～20，调理成分0.1～1，表面活性发泡剂0.2～1，滋发成分0.1～1，乙醇0～40，防腐剂0.05～1，去离子水加至100，喷雾、泡沫剂8～25。

(4) 泡沫型、喷雾型染发剂由A组分和B组分构成。

A组分：染发成分16～30，固发成分5～20，调理成分0～1，表面活性发泡剂0.2～1，滋发成分0～1，乙醇0～20，防腐剂0.05～1，去离子水加至100，喷雾、泡沫剂8～25。

B组分：染发成分5～15，固发成分0.5～5，调理成分0～1，表面活性发泡剂0～1，滋发成分0～1，乙醇0～25，防腐剂0.05～1，去离子水加至100，喷雾、泡沫剂15～25。

染发成分可以是氧化型合成染发剂、黑色素前体染发剂、铁盐型染发剂、其他染发剂中的任一种，也可以是它们之间的合理组合。

① 氧化型合成染发成分由A组分乌尔丝D（对苯二胺）、间苯二酚、邻氨基酚、亚硫酸氢钠；B组分由过氧化氢或过硼酸钠组成。

② 黑色素前体染发成分包括酪氨酸衍生物或甲基多巴或其他多巴衍生物，碘化物，碱性过氧化氢。

③ 铁盐型染发成分包括没食子酸、鞣酸、硫酸亚铁、亚硫酸氢钠等。

固发发滋剂成分包括聚乙烯吡咯烷酮及其与乙酸乙烯的共聚物，或其他水醇溶性高分子聚合物、表面活性发泡剂、滋发成分、乙醇、防腐剂及去离子水。

调理发滋剂成分包括季胺化乙烯吡咯烷酮与乙烯咪唑共聚物或其他阳离子型水溶性高聚物、表面活性发泡剂、滋发成分、乙醇、防腐剂及去离子水。

喷雾剂成分包括丙烷、异丁烷、丁烷、氟利昂。

产品应用 本系列产品同时具有滋发、调理、定型作用。使用时，只需将其摇动几次，向毛发上或梳上喷出，用梳子梳理均匀后，将头发梳成自己喜欢的形状，10min 后即可达到染发的目的。

产品特性 本系列产品配方科学，工艺简单，使用方便、省时、卫生，效果理想，市场前景广阔。

本系列产品的作用原理如下：染发成分在密闭无氧气容器中处于相对稳定状态，容器阀门启开时，染发成分及其助剂或氧化剂呈泡沫状或喷雾状各自喷出、在毛发上相互接触，染发成分一方面与氧化剂或空气中氧气反应，发生氧化、聚合作用；另一方面向毛发角质纤维内部渗透、扩散。氧化、聚合、渗透的结果是在毛发角质纤维内部生成了不溶性黑色素颗粒，从而达到染发目的。

配方 8　去污染发剂

原料配比

原料	配比(质量份)
对苯二胺(氧化染料)	0.25～0.3
十二烷烃硫酸钠(软化剂)	2～2.5
过硼酸钠(氧化剂)	0.2～0.25
络氨酸钠(氨基酸)	0.05～0.1
三聚磷酸钠(界面活性剂)	0.08～0.12

制备方法 以上各种成分能以颗粒状或粉状混合，最终产品可以是粉状，也可以是膏状。

原料配伍 本品中各组分质量份配比范围是：对苯二胺 0.25～0.3，十二烷烃硫酸钠 2～2.5，过硼酸钠 0.2～0.25，络氨酸钠 0.05～0.1，三聚磷酸钠 0.08～0.12。

本品以氧化染料为染色成分，还包括软化剂、氧化剂、氨基酸和界面活性剂。氧化染料为对苯二胺，软化剂为十二烷烃硫酸钠，氧化剂为过硼酸钠，氨基酸为络氨酸钠，界面活性剂为三聚磷酸钠。

产品应用 本品的使用方法与一般的洗发粉完全相同，既能洗去头皮上的污秽，又能达到使白发染黑的目的。

产品特性 本品配方科学，工艺简单，使用方便；既有较强的染色力，又不会污染皮肤，无刺激性；染发时能染及头发根部，经常使用（约7～10d内）能保持头发松软、发色均匀、润泽自然。

配方9 染发、烫发剂

原料配比

原料			配比(质量份)		
			1#	2#	3#
处理剂	A	N-乙酰半胱氨酸	2	—	—
		氨基甲酰半胱氨酸	—	4	—
		N-乙酰半胱氨酸盐酸盐一水合物	—	—	5
	亚硫酸钠		0.5	1	0.8
	羧甲基纤维素钠		2	4	4
	乙二胺四乙酸二钠		0.1	0.2	0.4
	一乙醇胺		10	15	8
	去离子水		加至100	加至100	加至100
染料剂	B	栀子黄色素	2	—	—
		胭脂红色素	—	3	—
		亮蓝色素	—	—	8
	C	羧甲基纤维素钠	5	—	—
		明胶	—	3	—
		黄原胶	—	—	3
	D	十二烷基硫酸钠	1	1	—
		脂肪醇聚氧乙烯醚硫酸钠	—	—	2
	去离子水		加至100	加至100	加至100
金属离子螯合剂	E	氯化铁	3	—	—
		硫酸铜	—	2.5	—
		硫酸镁	—	—	5
	F	黄原胶	3	—	—
		瓜尔豆胶	—	3	—
		羧甲基纤维素钠	—	—	6
	去离子水		加至100	加至100	加至100

注：A为乙酰半胱氨酸衍生物、同系物及其盐类，B为食用色素，C为增稠剂，D为表面活性剂，E为金属离子盐，F为增稠剂。

制备方法

(1) 处理剂的制法 将乙酰半胱氨酸衍生物、同系物及其盐类，亚硫酸钠，羧甲基纤维素钠，乙二胺四乙酸二钠，一乙醇胺依次缓慢加入去离子水中，并辅以搅拌，直到各组分完全溶解，继续搅拌至溶液均匀，即得。

(2) 染料剂的制法 将食用色素、增稠剂、表面活性剂依次缓慢加入去离子水中，并辅以搅拌，直到各组分完全溶解，继续搅拌至溶液均匀，即得。

（3）金属离子螯合剂的制法　将金属离子盐、增稠剂依次缓慢加入去离子水中，并辅以搅拌，直到各组分完全溶解，继续搅拌至溶液均匀，即得。

原料配伍　本品由处理剂、染料剂和金属离子螯合剂三部分组成。

处理剂中各组分的质量份配比范围是：乙酰半胱氨酸衍生物、同系物及其盐类2～10，亚硫酸钠0.1～2，羧甲基纤维素钠1～10，乙二胺四乙酸二钠0.1～0.5，一乙醇胺1～20，去离子水加至100。

染料剂中各组分的质量份配比范围是：食用色素1～20，增稠剂1～30，表面活性剂1～3，去离子水加至100。

金属离子螯合剂中各组分的质量份配比范围是：金属离子盐0.5～10，增稠剂1～30，去离子水加至100。

乙酰半胱氨酸衍生物、同系物及其盐可以是*N*－乙酰半胱氨酸、氨基甲酰半胱氨酸、高半胱氨酸、半胱胺、半胱氨酸盐酸盐一水合物或半胱氨酸盐酸盐无水物。

食用色素可以是栀子黄色素、亮黑色素、胭脂红色素、日落黄色素、果绿色素、亮蓝色素、焦糖色素、红花黄色素、萝卜红色素、紫甘薯红色素、紫甘蓝色素、叶黄素、可可色素、叶绿素或植物炭黑素。

增稠剂（F）可以是羧甲基纤维素钠（CMC）、黄原胶或瓜尔豆胶。

表面活性剂可以是十二烷基硫酸钠（K_{12}）或脂肪醇聚氧乙烯醚硫酸钠（AES）。

金属离子可以是铁盐、镁盐或铜盐产生的金属离子。

处理剂亦称软化剂，其作用是使头发的毛鳞片打开，使染发剂易于进到发丝内；染料剂的作用是起显色作用；金属离子螯合剂主要是使金属离子与染料分子螯合生成更大的分子，改变染料，显示颜色，同时由于分子变得更大，染发后其不易渗出发丝外，使发色持久。

产品应用　本品用于将白发染黑。

使用方法：首先将头发用水洗净，用毛巾擦净头发上的水分，然后将处理剂均匀涂抹在头发上，加热到35～45℃，保持15～20min，再将染料剂均匀涂抹在头发上，再加热到35～45℃，保持5～10min，最后将金属离子螯合剂均匀涂抹在头发上，仍加热到35～45℃，保持4～8min，用温水冲洗干净即可。如果染发过程中不加热，应适当延长时间。

产品特性　本品配方科学，工艺简单，产品质量稳定，使用效果理想，用后发泽光亮、柔顺自然，且对人体无不良反应，不损伤头皮，安全可靠。

配方 10　染发香波

原料配比

原料			配比(质量份)
香波	染发组分	间苯二酚	0.01
		对苯二胺	0.5
		邻氨基酚	0.01
	表面活性剂	K_{12}	5
		AES	12
		MES	5
		6501	3
	水		74.48
	氯化钠		适量
	三乙醇胺		适量
	色素		适量
	抗氧剂		适量
	香精		适量
	防腐剂		适量
护发剂	乳化剂	吐温-20	0.5
		单硬脂酸甘油酯	1
	头发调理剂	1831	3
		十八醇	10
		20%的水解蛋白	2.5
		75 羊毛水	0.5
		羊毛醇醚	0.5
	36%的双氧水		16
	水		66
	香精和/或色素		适量

制备方法

(1) 将染发组分溶于水后，再加入表面活性剂和氯化钠、三乙醇胺、色素、抗氧剂，加热溶解至 35～40℃时加入香精、防腐剂，搅拌均匀即得香波。

(2) 将护发剂配方中的油相（乳化剂）和水相（头发调理剂）分别加热至 70～75℃，再将水相倒入油相搅拌，冷却至 35～40℃时加入 36%的双氧水、香精和/或色素，搅拌均匀即得护发剂。

原料配伍　本品包括香波和护发剂。

香波中各组分的质量份配比范围是：染发组分 0.05～10，表面活性剂 5～50，水 40～94.5。

护发剂中各组分的质量份配比范围是：36%的双氧水 0.5～20，乳化剂 0.01～10，头发调理剂 0.01～35，水 35～99.48。

香波中也可以选择性地加入阳离子聚合物、水解蛋白等调理剂，pH 调节剂，增稠剂，珠光剂，色素，香精，防腐剂，抗氧剂，络合剂等组分。护发剂中也可以加入适量的香精和/或色素。

染发组分可以是对苯二胺、2,5-二氨基甲苯、对甲基苯二胺、间二氨基茴香醚、邻氨基酚、间苯二酚、儿茶酚、连苯三酚等其中的一种或其组合物。

香波中的表面活性剂可以是阴离子表面活性剂、非离子表面活性剂或二者的混合物。其中，阴离子表面活性剂主要选用烷基或烷基醚硫酸盐，另外一些阴离子表面活性剂有脂肪酸合成的肥皂、α-烯烃磺酸盐类、磷酸酯类等，它们可以单独使用或配合使用；非离子表面活性剂主要有脂肪醇酰胺类、氧化脂肪胺类、茶皂素、吐温系列等。

护发剂中的乳化剂为阳离子表面活性剂、阴离子表面活性剂及两性表面活性剂和/或非离子表面活性剂，可由一种或多种复合而成；头发调理剂可以是阳离子类表面活性剂、阳离子类高聚合物、硅油、高级脂肪醇、脂肪酸酯和/或水解蛋白以及一些植物精华（如海灵草提取液）等的一种或多种组合。

产品应用 使用时，先用香波洗发，再将护发剂涂抹于头发上，使用2～3次后，黄、白发自然变黑，且对因烫发和染发引起的受损发质具有明显的修复效果。

产品特性 本品工艺简单，配方科学，性能优良，用后效果理想，可使头发柔软、富有光泽，对手及皮肤无污染，使用方便。

配方 11 染发膏

原料配比

原料		配比(质量份)				
		1#	2#	3#	4#	5#
A	白油	30	40	32	35	38
	石蜡	2	7	3	5	7
	凡士林	2	6	3	4	5
	羊毛脂	1	5	2	3	4
	硬脂醇醚-2	0.1	1	0.7	0.5	0.3
	对羟基苯甲酸乙酯	0.1	0.5	0.5	0.3	0.2
	聚乙二醇	1	8	2	5	7
B	去离子水	40	60	40	45	50
	辛基酚聚氧乙烯醚	1	5	2	3	4
	硼砂	0.1	1	0.8	0.5	0.2
	氯化亚铁	0.1	0.5	0.4	0.3	0.2
	EDTA-2Na	0.1	1	0.2	0.5	0.8
	尼泊金甲酯	0.2	1	0.7	0.5	0.3
	斯盘-60	1	5	2	3	5
	羟甲基纤维素	1	5	2	3	5
	2,4-二羟基苯乙醇	0.1	1	0.7	0.5	0.2
	氨水（28%）	2	10	3	5	8
C	香精	0.2	0.6	0.3	0.4	0.5

制备方法

(1) 将A组分各原料混合后加热至85～90℃，直至混合均匀；

（2）将B组分各原料混合后加热至85～90℃，直至混合均匀；

（3）在缓缓搅拌下将B组分加入A组分中，搅拌冷却至40℃时加入C组分，然后冷却至常温，即得产品。

原料配伍 本品由A、B、C三个组分构成，其中各原料的质量份配比范围如下：

A组分：白油30～40，优选32～38；石蜡2～7，优选3～7；凡士林2～6，优选3～5；羊毛脂1～5，优选2～4；硬脂醇醚-2为0.1～1，优选0.3～0.7；对羟基苯甲酸乙酯0.1～0.5，优选0.2～0.5；聚乙二醇1～8，优选2～7。

B组分：去离子水40～60，优选40～50；辛基酚聚氧乙烯醚（APE-10）为1～5，优选2～4；硼砂0.1～1，优选0.2～0.8；氯化亚铁0.1～0.5，优选0.2～0.4；EDTA-2Na（乙二胺四乙酸二钠）0.1～1，优选0.2～0.8；尼泊金甲酯0.2～1，优选0.3～0.7；斯盘-60为1～5，优选2～5；羟甲基纤维素1～5，优选2～5；2，4-二羟基苯乙醇0.1～1，优选0.2～0.7；氨水（28%）2～10，优选3～8。

C组分：香精0.2～0.6，优选0.3～0.5。

产品应用 本品用于染发。

使用时，将本品均匀擦在头发上，2h后自然起到染色效果。

产品特性 本品配方科学，工艺简单，成本低；产品各项指标均符合标准，使用效果好，染发均匀，不损伤发质；配方中不含苯胺类及酚类等有害物质，不含铅、汞等重金属成分，对人体无不良影响，绿色环保。

配方12 染发植物防护制剂

原料配比

原料	配比（质量份）		
	1#	2#	3#
银杏叶	100	150	120
黄芪	50	100	80
苦荞麦	100	150	120
茶叶	200	250	240
甘草	50	80	60
白扁豆	100	150	120
桑葚	100	120	110
皂角	100	120	110
75%食用酒精	适量	适量	适量
食用米醋	适量	适量	适量
蒸馏水	适量	适量	适量

制备方法

（1）将银杏叶、黄芪、苦荞麦、茶叶、甘草、白扁豆、桑葚、皂角混合，加入原料体积2～3倍的浓度为75%的食用酒精，在60～65℃温度下浸泡3～5h，分离醇浸液；

(2) 将步骤(1)所得醇浸后的固形渣加入其体积2～3倍的食用米醋，在65～70℃温度下浸泡3～5h，分离醋浸液；

(3) 将步骤(2)所得醋浸后的固形渣加入其体积3～4倍的蒸馏水，在65～70℃温度下浸泡3～5h，分离水浸液；

(4) 将步骤(3)所得水浸后的固形渣加入其体积4～5倍的水，加热煮沸1～2h，分离一次水煮液后再加入固形渣体积2～3倍的水，加热煮沸0.5～1h，分离二次水煮液后再加入固形渣体积2～3倍的水，加热煮沸0.5～1h，分离三次水煮液；

(5) 将步骤(1)～步骤(4)所得的醇浸液、醋浸液、水浸液、三次水煮液合并，蒸馏分离出其中的醇、醋，浓缩至1000份得产品。

原料配伍 本品(总量为1000)中各组分的质量份配比范围是：银杏叶100～150，黄芪50～100，苦荞麦100～150，茶叶200～250，甘草50～80，白扁豆100～150，桑葚100～120，皂角100～120，75%食用酒精适量，食用米醋适量，蒸馏水适量。

产品应用 本品为染发辅助制剂。在染发时将少量本品添加到染发膏中，即可显著抑制染发剂中有害物质的致癌作用，减轻染发引起的过敏反应，不影响染发效果，且具有滋润皮肤、养护发质的作用。

产品特性 本品针对染发剂中可能含有或者是染发过程中可能生成的有机污染物的特性，结合皮肤与头发的特点，筛选原料及用量组合，经科学方法进行提炼，提取其中的有效成分，且各成分之间相互配合、补充，制得染发植物防护制剂。

本品使用方便，本身无毒性、安全可靠，在一定剂量范围内，能够完全抑制多环芳烃、黄曲霉毒素、亚硝胺类化合物、2-氨基芴、环磷酰胺、敌克松和多种染发剂的致突变效应。

配方13 散沫花粉染发剂

原料配比

原料		配比(质量份)				
		1#	2#	3#	4#	5#
头发软化处理剂	巯基乙酸钠	4	5	6	2.5	7.75
	硫代硫酸钠	1	1.5	1.4	0.15	0.18
	羧甲基纤维素钠	1.5	1	1.7	1.17	1.3
	乙二胺四乙酸二钠	0.3	0.4	0.35	0.18	0.25
	一乙醇胺	5.5	6	7.5	8.5	7.75
	精制水	加至100	加至100	加至100	加至100	加至100

续表

原料		配比(质量份)				
		1#	2#	3#	4#	5#
染料制剂	散沫花粉	6	6.5	18	2.5	10
	栀子蓝色素	2	—	—	—	—
	茜素红色素	—	3	—	3	—
	硫酸铜	—	—	3.75	—	4
	羧甲基纤维素钠	1.5	1.5	1.15	1.7	1.6
	十二烷基硫酸钠	1.5	1.7	2.62	2.5	2
	精制水	加至100	加至100	加至100	加至100	加至100

制备方法

(1) 将巯基乙酸钠、硫代硫酸钠、羧甲基纤维素钠、乙二胺四乙酸二钠、一乙醇胺依次加入精制水中，搅拌直至溶解完全，即得到头发软化处理剂。

(2) 将散沫花粉、配色成分（栀子蓝色素、茜素红色素、硫酸铜）、羧甲基纤维素钠、十二烷基硫酸钠依次加入精制水中，搅拌直至溶解完全，即得到染料制剂。

以上两剂分别生产，分别包装及存放。

原料配伍 本品由头发软化处理剂和染料制剂组成，质量份配比范围是：头发软化处理剂：染料制剂＝100：(10～20)。

头发软化处理剂中各组分的质量份配比范围如下：巯基乙酸钠2～8，羧甲基纤维素钠1～2，一乙醇胺5～10，硫代硫酸钠0.1～2，乙二胺四乙酸二钠0.1～0.5，精制水加至100。

染料制剂中各组分的质量份配比范围如下：散沫花粉2～20，羧甲基纤维素钠1～2，十二烷基硫酸钠（K_{12}）1～3，配色成分1.5～5，精制水加至100。

配色成分可以是栀子蓝色素、茜素红色素、硫酸铜中的任意一种。如采用栀子蓝色素，其质量份配比范围是1.5～3，染出的头发颜色为自然黑色；如采用茜素红色素，其质量份配比范围是1.5～4.5，染出的头发颜色为自然棕色；如采用硫酸铜，其质量份配比范围是2.5～5，染出的头发颜色为自然红色。

散沫花粉的外观为红色粉末，是一种将散沫花的叶子粉碎，经萃取和干燥而得的干燥植物粉末，属于渗透性色素，可牢固沉积于毛发的角质层中，可使毛发着微红色或赤褐色。

由于散沫花粉上色速度较慢，且易结成块，难于均匀地涂抹于毛发上，所以采取对头发进行软化的方法。巯基乙酸钠、硫代硫酸钠、半胱氨酸及其衍生物等，它们能和毛发内部的二硫键作用，使毛发的毛鳞片张开，软化头发，使染料分子易于进入发丝内，同时使散沫花粉易于分散。

纯散沫花粉只局限于微红色与赤褐色，通过用散沫花粉与其他色素（如靛蓝、姜黄色素、栀子黄色素、红曲色素等）和金属离子（如铜离子、铁离子、镁离子等）作用产生了新的颜色，从而获得了更宽的色系。如与靛蓝染料或栀子蓝同时使用，就可得到黑色，如把染得的红发即用铁离子制剂再洗染，就可得到深棕色。

产品应用 本品的使用方法是：将头发软化处理剂和染料制剂按比例（具体用量以制剂的黏度来控制，只要染发时膏体不往下滴即可）加到一非金属容器内，充分调和均匀，然后用毛刷将混合后的膏体均匀地涂在头发上，等待30～40min后洗净头发即可。

如果是黑发染彩色头发，则需要对头发脱色，利用市售的脱色剂或脱色奶均可，先将黑发脱色至适当颜色，再实施染发操作。

产品特性 本品工艺简单，配方科学，采用纯植物天然成分，不含任何氧化染料中间体，无不良反应及刺激性，不产生过敏反应；使用后色泽自然稳定，与天然发色相似，头发具有光泽，克服了植物型染发剂多以粉状，不易操作的缺点。

配方14 天然染料的无毒染发剂

原料配比

原料		配比(质量份)	
		1#	2#
A	$FeSO_4 7\cdot H_2O$	2	0.5
	还原铁粉	适量	适量
	水	100	100
B	苏木红	1	0.05
	乙醇	20	30
	水	100	100
	增稠剂	适量	适量

制备方法 分别将A、B中各组分混合均匀即可。

原料配伍 本品中各组分质量份配比范围是：

A组分：亚铁盐0.01～4，还原铁粉适量，水100。

B组分：苏木红0.01～5，乙醇0～70，水100。

苏木红是由苏木精氧化而生成的。

亚铁盐可以是化妆品中允许使用的任何含Fe^{2+}的盐类，常用的是$FeSO_4$。

有机溶剂较好的为乙醇，异丙醇，苯甲醇，苯乙醇，1,2-乙二醇，1,2-乙二醇的单甲基、单乙基或单丁基醚，丙二醇，丁二醇等。

增稠剂可以是阿拉伯树胶、甲基纤维素、羧甲基纤维素、羟乙基纤维素、羟丙基纤维素等。它们可以单独使用也可以与其他增稠剂混合使用。

产品应用 本品的使用方法如下：在20～50℃下，先用含亚铁盐的药剂

A 处理头发 5～10min，用水漂洗后将含染料的溶液 B 施于头发 5～30min，处理 5min 者漂洗后呈深蓝黑色，处理 20min 以上者漂洗后呈黑色，使用此法可在 40～50min 内完成染发过程。

产品特性 本品为新型的二剂型染发剂，两剂均为水制剂，并可保持其自然 pH 值，介质为弱酸性，有助于药剂的渗透。由于用天然染料代替了合成染料，制剂中未使用有毒试剂，而且反应中也没有有毒物质生成，是一种常温下使用的、无异味、无不良反应的染发剂，安全可靠，染发效果好，市场前景广阔。

配方 15 天然植物染发剂

原料配比

1. 膏状物

原料	配比(质量份)								
	1#	2#	3#	4#	5#	6#	7#	8#	9#
甘菊	1	20	40	50	30	60	1	89	50
凤仙花	52	42	30	25	40	20	54	6	5
墨旱莲	43	38	30	25	30	20	45	5	45

2. 染发剂

原料	配比(质量份)								
	1#	2#	3#	4#	5#	6#	7#	8#	9#
膏状物	5	10	15	7	8	6	5	8	7
羧甲基纤维素	10	15	12	10	15	13	10	15	10
去离子水	85	75	73	83	77	81	85	77	83

制备方法

(1) 将甘菊、凤仙花、墨旱莲混合，加入 5～8 倍的去离子水，加热煮沸 40～80min (优选为 1h)，过滤，滤液进行真空浓缩成膏状；

(2) 取膏状物 (1)、羧甲基纤维素、去离子水混合均匀，即得稀膏状染发剂。

原料配伍 本品中各组分质量份配比范围是：膏状物 5～30，优选 15～20；羧甲基纤维素 10～20，优选 10～15；去离子水 50～85，优选 65～75。

制备膏状物时所用原料的质量份配比范围是：甘菊 1～90，优选 5～80；凤仙花 5～54，优选 10～52；墨旱莲 5～45，优选 10～43。

产品应用 本品适用于各种性质的头发，染后头发色泽光亮，犹如自然黑发。

使用方法：将本品涂、用梳子梳涂或揉涂于头发上即可。

产品特性 本品配方科学，工艺简单，使用方便；原料均由天然植物提炼而成，对人体和头发均无伤害，对头发生长具有营养作用，同时还具有防紫外线作用，效果理想。

配方 16　纯天然黑发宝

原料配比

原料		配比(质量份)
药物	丹参	20
	生姜	20
	薄荷	5
	桑叶	5
	首乌	25
	黑芝麻	10
	黄精	10
	地黄	5
药物：菜油		30：70

制备方法　本品的生产工艺包括净选、切制、干燥和油制、包装等常规工艺。

原料配伍　本品中各组分质量份配比范围是：药物 20～40，最佳为 30；菜油 60～80，最佳为 70。

药物各组分的质量份配比范围是：丹参 10～30，生姜 10～25，薄荷 3～10，桑叶 3～10，首乌 20～30，黑芝麻 5～15，黄精 5～20，地黄 3～15。

产品应用　本品能够促进黑发滋生，达到养颜怡神的功效。

产品特性　本品药源广泛，组方科学，工艺简单，成本低廉；产品质量稳定，使用效果好，标本兼治，并且无任何不良反应，安全可靠。

配方 17　纯天然乌发免蒸焗油

原料配比

原料	配比(质量份)	
	1#	2#
黑豆(炒后)	150	200
黑芝麻(炒后)	70	100
桑葚	35	45
黑首乌	25	30
增亮剂	6	8
芦荟精华液	7	9
红没药醇	10	15
多功能深层调理剂	5	9
山梨酸钾	5	7
儿茶素	2	3
蛋黄油	1	2
橄榄油	2	3
植物乳化油	适量	适量

制备方法

(1) 将黑豆（炒后）、黑芝麻（炒后）成粉，经100目筛过筛后，将渣包好与筛后的粉放在酒精中浸泡6h后液体备用；

(2) 将桑葚、黑首乌用水浸泡6h，提出液体后与步骤（1）所得液体放在干燥箱中干燥成膏体；

(3) 向步骤（2）所得膏体中加入增亮剂、芦荟精华液、红没药醇、多功能深层调理剂、山梨酸钾、蛋黄油、儿茶素、橄榄油，再加入适量植物乳化油，均衡搅拌，即得成品。

原料配伍 本品中各组分质量份配比范围是：黑豆100～200，黑芝麻50～100，桑葚30～50，黑首乌20～30，增亮剂5～8，芦荟精华液7～10，红没药醇10～15，多功能深层调理剂5～10，山梨酸钾5～7，蛋黄油1～2，儿茶素2～3，橄榄油2～3。

多功能深层调理剂是指多元阳离子聚合物。

增亮剂为生物制剂。

产品应用 本品可有效修护头皮，使细胞组织复活，加快血液循环，改变发质干燥，使发质亮丽、柔顺、有弹性，还可改善过敏、掉发、瘙痒的状况。

使用方法：洗头后，将头发擦干，抹上本品，将头发轻柔梳透5min后吹好发型即可。

本品特别适合临时有事没有时间护理头发的紧急状态下使用，将头发喷少量水，抹上本品，梳透，简单吹风即可。

产品特性 本品原料易得，配比科学，工艺简单，生产成本低，市场前景广阔；产品质量稳定，使用方便，用后不油腻，可弥补发囊输送给头发营养的不足，通过毛鳞片的表皮吸收养分，可使营养深入头发内层，使头发达到强力保湿和营养。

配方18 铁质染发剂

原料配比

原料		配比(质量份)			
		1#	2#	3#	4#
A	氢氧化钠	0.5	1	2	3
	甲基纤维素(CMC)	3	2	6	8
	水	加至100	加至100	加至100	加至100
B	三氯化铁	2	3	0.5	1
	甲基纤维素	6	8	2	3
	水	加至100	加至100	加至100	加至100
C	丹宁酸	3	2	1	0.5
	甲基纤维素	8	3	6	2
	水	加至100	加至100	加至100	加至100

制备方法 分别将A、B、C中各组分混合均匀即可。

原料配伍 本品包括A、B、C三组分，其中各组分的质量份配比范围如下：

A组分：氢氧化钠0.5～3，优选1～2；甲基纤维素（CMC）2～8，优选3～6；水加至100。

B组分：三氯化铁0.5～3，优选1～2；甲基纤维素2～8，优选3～6；水加至100。

C组分：丹宁酸0.5～3，优选1～2；甲基纤维素2～8，优选3～6；水加至100。

产品应用 本品用于将白发染黑。

使用方法：先将A组分涂抹于头发上10～40min，洗去；再将B组分涂抹于头发上10～40min，洗去；然后将C组分涂抹于头发上10～40min，洗净即可。

产品特性 本品工艺简单，原料易得，配比科学，以铁质为主要黑发物质，对人体基本无伤害，不会产生过敏反应，使用效果理想，安全可靠。

配方19 洋苏木提取物染发剂

原料配比

原料		配比(质量份)
第1剂	*l*-半胱氨酸	5～25
	羧甲基纤维素钠	0.5～2
	乙二胺四乙酸二钠	0.2～0.5
	乙醇胺	适量
	水	加至100
第2剂	洋苏木提取物	6～8
	羧甲基纤维素钠	1～3
	十二烷基硫酸钠	1～2
	水	加至100
第3剂	硫酸亚铁	4～10
	羧甲基纤维素钠	1～3
	十二烷基硫酸钠	1～2
	水	加至100

制备方法 将各剂按配方备好药品，放在同一容器中搅拌均匀即可。三剂分别生产，分别包装及存放。

原料配伍 本品为三剂型。第1剂为软化处理剂（简称软化剂），第2剂为染色剂，第3剂为离子螯合剂。

第1剂中各组分的质量份配比范围是：*l*-半胱氨酸5～25，羧甲基纤维素钠0.5～2，乙二胺四乙酸二钠0.2～0.5，水加至100，乙醇胺适量（调节pH值为9～10.5）。

第2剂中各组分的质量份配比范围是：洋苏木提取物6～8，羧甲基纤维素钠1～3，十二烷基硫酸钠1～2，水加至100。

第3剂中各组分的质量份配比范围是：硫酸亚铁4～10，羧甲基纤维素钠1～3，十二烷基硫酸钠1～2，水加至100。

以上配方染出的头发为黑色或棕黑色。如果将洋苏木提取物换成纯净的苏木素或巴西木素以及它们的氧化物（氧化苏木素或氧化巴西木素），则用量可减到原量的1/5～1/4，效果相同。如果改变金属离子，如用铜离子，则可以染成紫红色的头发。

由于纯净的苏木素和巴西木素的价格昂贵，本染发剂使用洋苏木提取物的粗制品。制取方法是：将洋苏木制成小颗粒或薄片，在浸泡罐内以50%的甲醇水溶液为溶剂，在50～60℃的温度下浸泡数次；将浸液过滤后，减压蒸出溶剂，之后再烘干粉碎即得粗品，可直接使用。

l-半胱氨酸是用头发或猪毛制取的含硫氨基酸，先制取出*l*-胱氨酸，再电解还原*l*-胱氨酸成*l*-半胱氨酸。性状：白色结晶或结晶性粉末。*l*-半胱氨酸能使头发结构中的双硫键打开，使头发软化，使发丝的毛鳞片张开，染料分子易于进入发丝内，染发后，双硫键再合上，头发复原。

染料分子进入发丝内后再和进入发丝内的金属离子螯合形成更大的分子，在发丝的鳞片合起后，这些分子不能从发丝内出来，于是形成永久性染发。

产品应用 本品用于将头发染成黑色或紫红色，同时能修补由于烫发和染发造成的头发损伤，改善发质。

使用方法：将第1剂、第2剂等体积地加到一非金属容器内，再用一非金属棒搅匀，然后用特制的小毛刷（或牙刷）将混合后的药品均匀地涂在头发上，等一段时间，室温20～30℃约15～20min，温度低时可适当加热或延长时间，头发变软后，用水洗去药液；再用第3剂做同样的操作，涂在头发上，稍等（约5min）头发即变成所需的颜色，洗净头发即可。

用量：视头发多少而定。一般男式短发第1、2剂各15mL，第3剂20mL；女短发第1、2剂各约20mL，第3剂约30mL；披肩发第1、2剂各40mL，第3剂60mL。

如果是黑发人染浅色发，则需要对头发脱色，利用市售的脱色剂或脱色奶均可，将黑发脱至所需要的淡色，再实施染发操作。

产品特性 本品工艺简单，配方科学，质量容易控制；用后头发色泽自然，与天然发色相似，无染发痕迹，效果理想，并且无不良反应，不会导致过敏反应，长期使用对身体无害。

配方 20 植物染发护发剂

原料配比

1. 植物染发剂

原料	配比(质量份)			
	1#	2#	3#	4#
海蒳	60	65	70	75
陈皮	15	11	8	8
红茶	15	14	13	12
明矾	10	10	9	5

2. 护发剂

原料	配比(质量份)			
	1#	2#	3#	4#
何首乌	10	16	20	25
牛膝子	20	16	15	15
菟丝子三子	20	17	15	15
补骨脂	20	17	15	10
黑芝麻	15	17	20	10
制生姜	15	17	15	25

制备方法

植物染发剂制备方法：

（1）将各成分原料磨制成糊状，按比例混合后，加入2～3倍水充分浸泡，一般室温下约需浸泡10～24h，然后滤去渣子；

（2）将步骤（1）所得浸出液加热浓缩至20%～40%原液浓度；

（3）向步骤（2）所得浓液中加入1～1.5倍二丙酮醇（萃取剂），搅拌均匀后密封静置，一般需静置5～10h，再将此浸出液加温至液体完全挥发，所剩物就是纯化的染发剂纯精有效成分粉末（呈弱碱性）。

护发剂制备方法：将配方中所列的新鲜植物清洗后，直接用机械捣碎制作成膏状，除菌消毒后装瓶或装袋均可。

原料配伍

植物染发剂中各组分的质量份配比范围是：海蒳60～75，陈皮8～15，红茶12～15，明矾5～10。

护发剂中各组分的质量份配比范围是：何首乌10～25，牛膝子10～25，菟丝子三子10～25，补骨脂10～25，黑芝麻10～25，制生姜10～25。

产品应用 本染发剂根据具体情况，有以下几种配制和使用方法：

（1）直接采用新鲜植物海蒳和其他成分，按比例混合后捣碎，配以鲜鸡蛋混入捣碎的新鲜植物混合物中，再加入适量的冰糖粉，调成糊状敷于头发上，根据需染头发颜色的浅、深要求而不同，使染发剂在头发上保留30～60min，即可使头发着色，然后用清水冲洗干净即可。

（2）将新鲜植物海蒳脱水烘干磨成粉末状，再与其他成分的粉末按比例混合，使用时加水和鲜鸡蛋调制成浆糊状，使用方法如（1）。

护发剂配合染发剂使用，能促进染发剂的效力更好地发挥，也可以单独使用，长期使用具有保养头发的作用。

产品特性 本品原料易得，配比科学，工艺简单，质量容易控制；染发剂可完全取代现有的化学棕色染发剂，但完全不含毒素，长期使用对人体发肤无损害，安全可靠。

配方 21 植物染发剂

原料配比

原料	配比(质量份)	原料	配比(质量份)
黑芝麻粉	100	乌贼墨粉	4
黑豆粉	2	水	适量

制备方法 将黑芝麻粉、黑豆粉和乌贼墨粉投入铁锅内，然后加入适量水，于火上加热，待达到100℃后，改用文火煎，水分不断蒸发，控制黑芝麻粉、黑豆粉、乌贼墨粉三者质量浓度为0.3%～0.5%，即得染发剂。

原料配伍 本品中各组分质量份配比范围是：黑芝麻粉98～104，黑豆粉1.9～2.5，乌贼墨粉（按固体量计）4～4.4，水适量。

产品应用 本品适用于遗传性以及用脑过度或年老而白发者，适用于短白发，也可用于由于过去染发发现有不良反应而停止染发者；局部有白发者可用本品进行补染。

使用方法：将本品刷涂、用梳子梳涂或揉涂于头发上即可。

产品特性 本品通过在头发表面形成黑色薄膜而达到染发的目的，其优点是：

（1）本品所使用的原料均是用天然植物提炼而成的，极易被头发吸收，而且含有头发生长所需的营养素，对人体和头发均无不良反应。

（2）本品属于非永久性染发剂，可根据需要随时洗去，同时对衣服和皮肤等不构成污染，因此可随时使用，也可随时补用，以达到完好的效果。

（3）涂抹本品后头发立即变黑，色泽自然，犹如自然黑发。

配方 22 中草药无毒染发剂

原料配比

原料		配比(质量份)
A	盐肤木	20
	旱莲草	40
	乌柏	20
	含羞草	13
	氢氧化钙(按纯品计)	5
	青黛	2
	防腐剂	适量
	香精	适量
B	硫酸亚铁	4
	硫酸(按纯品计)	1
	水	95

制备方法

A剂的制法是：将盐肤木、旱莲草、乌桕、含羞草（以上四种中药最好为鲜品）按比例备料，除杂粉碎，加约10倍60～70℃的温水，分3次浸渍，每次8h，合并前2次的浸出液（第3次的留下一批浸渍用）提取过滤，然后将滤液在75℃左右蒸发至浓汁状，用乙醚（其用量为浓汁量的1/3）萃取得单宁液，将单宁液在65～70℃浓缩成稠膏状，与氢氧化钙、青黛和防腐剂、香精配制即得。

原料配伍 本品由A剂和B剂组成。

A剂是膏剂（染发剂），含有：盐肤木、旱莲草、乌桕、含羞草、青黛、氢氧化钙和防腐剂、香精。

B剂是水剂（助染剂），含有：硫酸亚铁、硫酸和水。

产品应用 本品对各种白、灰、黄发均可染成自然柔软、色泽乌黑的发色，同时具有止痒功效。

在5～40℃的情况下，染发前不必洗头和做任何处理，将A剂与B剂按1∶1的比例配好调匀，便可施染于待染的头发上，20～25min后，用水洗去浮色，染发即完成。

产品特性 本品采用中草药为主要原料，不使用有毒物质，染发反应中也不生成有毒物质，呈弱酸性，不含砷、汞、铅等有害重金属，无异味、无不良反应，使用方便，效果理想，安全可靠。

配方23 中草药植物染发剂

原料配比

原料	配比(质量份)	原料	配比(质量份)
何首乌	100	蟛蜞菊	50
生地	60	靛青	40
旱莲草	50	水	适量

制备方法 将上述中草药洗净晾干，按比例称取后混合，加入10倍净水，用武火煮滚得浸出液，用文火将浸出液加热浓缩至15%～35%，然后用1000目筛过滤，沉淀去渣，收纯浓缩液或稠膏，按常规密封包装即得成品。

原料配伍 本品中各组分质量份配比范围是：何首乌98～108，生地58～68，旱莲草48～58，蟛蜞菊48～58，靛青38～48。

产品应用 本品除具有染发（白发染黑）功效外，还具有凉血解毒、杀菌、滋养头皮、护理毛囊和头发的作用。

使用方法：将本品（浓缩液或稠膏）敷于头发上，保留20～50min，然后用清水冲洗干净即可。

产品特性 本品药源广泛易得，配比科学，工艺简单，生产成本低；产品质量稳定，使用方便，色泽自然，对人体和头皮均无损害，长期使用可预防多种疾病。

配方 24 中药染发水

原料配比

原料		配比(质量份)
A	天麻	20
	当归	20
	大黄	5
	硫酸亚铁	4
	苯甲醇	1(体积)
	防腐剂	0.05(体积)
	纯水	加至 100
B	盐肤木	10
	诃子	15
	防腐剂	0.02(体积)
	纯水	加至 100

制备方法

A 剂的制备：称取各组分，先将天麻、当归、硫酸亚铁放在容器（陶瓷罐）中加热至 60～70℃，再降温至 40～50℃，并保持 4～6h；然后加入苯甲醇、大黄和防腐剂，搅拌、过滤即可。

B 剂的制备：称取各组分，先将盐肤木和诃子放在容器（陶瓷罐）中加热至 60～70℃，再降温至 40～50℃，并保持 4～6h；然后加入防腐剂，搅拌、过滤即可。

原料配伍 本品由以中药为主体原料配制的 A、B 两剂药液组成，其中各组分的质量份配比范围如下：

A 剂药液：天麻 8～20，当归 8～20，大黄 3～6，硫酸亚铁 2～5，纯水加至 100。

B 剂药液：盐肤木 8～12，诃子 10～16，纯水加至 100。

上述 A 剂药液中还可以加入：苯甲醇 0.5～2，防腐剂 0.01～0.03。

上述 B 剂药液中还可以加入：防腐剂 0.01～0.03。

产品应用 本品用于将白发染黑。

使用方法：先将 A 剂涂于毛发上，来回梳理，涂梳均匀后，用焗油机烘烤头发，控制温度为 55～65℃，时间 12～20min，使毛发的毛鳞片打开，使 A 剂渗透进去，然后冷却；再将 B 剂按 A 剂同样的操作步骤和条件操作。

产品特性 本品工艺简单，原料易得，配比科学，以中药材为主，无不良反应，不损伤毛发内在细胞；使用方便，用后头发色泽自然、光洁，可保持色度持久约1～2个月。

二、烫发剂

配方1 无氨烫发剂

原料配比

原料	配比(质量份)	原料	配比(质量份)
含量90%的硫代乙醇酸	66	95%乙醇胺	24
无水碳酸钠	87	柠檬香精	1
95%乙醇	240	去离子水	加至100
对苯二胺	18		

制备方法

(1) 在含量90%的硫代乙醇酸的水溶液中加入无水碳酸钠，其加入量以pH值达到6～7为终点，制得硫代乙醇酸钠盐；

(2) 向物料(1)中加入醇类溶剂，再加入熔点≥138℃的对苯二胺，加入去离子水后再添加醇胺类，使pH值升为9～10，最后加入香精，即得成品。

原料配伍 本品中各组分质量份配比范围是：硫代乙醇酸钠盐10～25，对苯二胺0.7～2，醇类20～40，醇胺类1.5～4，香精0.1～0.2，去离子水加至100。

醇类可以是乙醇、乙二醇、异丙醇、丙二醇、丙三醇或山梨醇。

醇胺类可以乙醇胺或三乙醇胺，也可以用氨水代替醇胺类。

香精可以是玫瑰香精、紫丁香香精或柠檬香精。

产品应用 本品是具有不需热敷的真正冷烫和同时将头发染黑双重功能的烫染发剂。

使用本品冷烫和染发时涂洒烫染发剂，卷发后保温14～30min，拆下发卡，用定型氧化剂普遍浸湿发卷，待全部头发显黑后，清洗干净，就完成烫发、染发合一的美发作业。定型氧化剂为2%～4%的双氧水，其显黑时间为5～10min，或者为3%～5%的过硼酸钠水溶液，其显黑时间为10～15min，或者其他强氧化剂。

产品特性 本品具有以下优点：

(1) 具有双重功能，有白发、黄发者冷烫后均可变为乌黑的卷发。

(2) 稳定性好，耐储存，可存放三年以上。

(3) 采用醇类为溶剂，能使氧化性染料对苯二胺呈溶解状态，在卷发后不需热敷，还能充分浸透到毛发的皮质层中，增强染发效果，同时也减少了烫染发剂的用量，减轻过敏现象。

(4) 产品中的卷发成分硫代乙醇酸以钠盐形式存在，钠盐较铵盐稳定，气味较小，又以醇胺类代替了氨水，从根本上解决了烫发时氨气味的刺激。

（5）采用定型氧化剂，使发卷更持久。

配方 2 天然植物烫发剂

原料配比

原料		配比(质量份)		
		1#	2#	3#
Ⅰ	丁香	10	5	1
	白及	5	4	3
	胱氨酸	3	6	10
	亚硫酸氢钠	5	4	3
	单乙醇胺(99%)	4	3	2
	氢氧化铵(28%)	2	2.5	3
	乙二胺四乙酸二钠	0.2	0.2	0.2
	去离子水	加至100	加至100	加至100
Ⅱ	射干	15	10	1
	丁香	10	5	1
	过氧化氢	1	1.5	2
	单硬脂酸甘油酯	8	6	4
	磷酸	0.5	0.5	0.5
	乙二胺四乙酸二钠	0.2	0.2	0.2
	8-羟基喹啉硫酸盐	0.1	0.1	0.1
	去离子水	加至100	加至100	加至100

制备方法

Ⅰ号剂的制备：将去离子水与丁香、白及、胱氨酸、亚硫酸氢钠、单乙醇胺（99%）、乙二胺四乙酸二钠混合，加温至70℃，冷却至室温，再加氢氧化铵（28%）混合，检验，灌装即可。

Ⅱ号剂的制备：

（1）在容器A中加入60%的去离子水，再加入单硬脂酸甘油酯、射干、丁香、乙二胺四乙酸二钠混合，加温至70℃，保温15min，冷却至40℃；

（2）在容器B中加入剩余的40%去离子水，加热至40℃，将8-羟基喹啉硫酸盐加入，搅拌至完全溶解；

（3）将容器B中的物料慢慢加入容器A中，冷却至30℃，然后再加入过氧化氢、磷酸，搅拌均匀，检验、灌装即可。

原料配伍 本品由Ⅰ号剂和Ⅱ号剂组成。

Ⅰ号剂中各组分的质量配范围是：胱氨酸3～12，优选3～10；亚硫酸氢钠3～5；丁香1～10；氢氧化铵（28%）和单乙醇胺（99%）适量；白及3～5；乙二胺四乙酸二钠0.2；去离子水加至100。

胱氨酸为还原剂；亚硫酸氢钠为辅助还原剂；丁香为中药渗透剂；氢氧化

铵（28%）和单乙醇胺（99%）为碱化剂，其用量使Ⅰ号剂的pH值保持9～9.8；白及为增稠剂；乙二胺四乙酸二钠为螯合剂。

Ⅱ号剂中各组分的质量份配比范围是：过氧化氢1～2，射干1～15，丁香1～10，单硬脂酸甘油酯4～8，8-羟基喹啉硫酸盐0.1，乙二胺四乙酸二钠0.2，磷酸适量，去离子水加至100。

丁香为渗透剂；单硬脂酸甘油酯为增稠剂；8-羟基喹啉硫酸盐为稳定剂；乙二胺四乙酸二钠为螯合剂；磷酸为缓冲剂，其用量使Ⅱ号剂的pH值保持为2.5～4。

产品应用 本品的烫发卷曲度和化学烫发剂相仿，一次烫发能保持三个月左右。

使用方法：洗头吹干，卷杠，上Ⅰ号剂，戴浴帽，50℃蒸30min，冷却5min，冲洗干净，吹干；上Ⅱ号剂，常温保持15min，拆杠，洗头，吹造型。

产品特性 本品原料易得，配比科学，工艺简单，以中药丁香为渗透剂，帮助胱氨酸进入头发毛鳞片间隙，增强卷曲度，同时加用亚硫酸氢钠作为辅助还原剂，以提高烫发卷曲能力；本品不含巯基乙酸，无刺激性，使用安全；过氧化氢含量低，因而能较大程度减少烫发剂对发质的损害。

配方3 单液型冷烫剂

原料配比

1. USA的合成

原料	配比(质量份)	原料	配比(质量份)
一氯乙酸	362	硫脲	292
水①	700	水②	800
碳酸钠	210		

2. USA水溶液的制备

原料	配比(质量份)	
	1#	2#
USA晶体	150	150
乙醇胺	88	62
氢氧化钠	35.2	35.2
丙三醇	14	—
烷醇酰胺	—	20
蒸馏水	963	1000

3. USA乳液的制备

原料	配比(质量份)	
	1#	2#
USA溶液(含USA 12%)	212	75
十六烷基三甲基溴化铵	0.6	—
季铵盐	—	0.15

续表

原料	配比(质量份)	
	1#	2#
斯盘-85	—	0.15
吐温-80	—	0.4
平平加	1.5	—
重质松节油	1.2	—
石蜡油	—	0.4
麻油	1.2	—
十六醇	0.4	—
十八醇	—	0.4
乙醇	15	—
碳酸铵	7.5	—
碘化钾	1.8	—
硼砂	—	0.5
氨水(25%~28%)	—	3
蒸馏水	48.8	25

制备方法

1. USA的合成

取一氯乙酸和水①加热溶解，缓缓加入碳酸钠中和至pH=7，此为A液；另取硫脲，用水②加热溶解为B液；将A、B液混合，于65℃左右搅拌1h，过滤，用清水洗涤，干燥后得到USA晶体。

2. USA水溶液的制备

取USA晶体、乙醇胺、氢氧化钠、丙三醇（烷醇酰胺）、蒸馏水，于60~70℃搅拌至全部溶解，得到透明浅红色溶液。

3. USA乳液的制备（以1#为例）

（1）A液的配制：取USA溶液（含USA 12%）加入十六烷基三甲基溴化铵、平平加，加热至60℃使之成为均匀乳液。

（2）B液的配制：取重质松节油、麻油、十六醇，加热至55℃。

（3）在强力搅拌下将A液缓缓倒入B液中，于55℃搅拌20min，冷至室温，待乳液稳定后加入乙醇、碳酸铵、碘化钾，加蒸馏水至足量即可。

原料配伍 本品中各组分质量份配比范围是：USA溶液（含USA 12%）75~212，十六烷基三甲基溴化铵0~0.6，季铵盐0~0.15，斯盘-85 0~0.15，吐温-80 0~0.4，平平加0~1.5，重质松节油0~1.2，石蜡油0~0.4，麻油0~1.2，十六醇0~0.4，十八醇0~0.4，乙醇0~15，碳酸铵0~7.5，碘化钾0~1.8，硼砂0~0.5，氨水（25%~28%）0~3，蒸馏水25~48.8。

产品应用 本品可在体温下经25~40min形成发卷紧密、卷曲度好、弹性强、色泽光亮的持久卷波，对各种发质均适用。

产品特性 本品具有以下优点：

(1) 产品为单液型乳液，不使用氧化定型剂，因而对发质损伤较小，卷发时不产生有害的硫化物、氰化物，且一步法卷发操作简便，成本降低。

(2) 同时使用了杀菌剂、祛臭剂、促进剂、pH 调节剂，使得产品高效、无臭、无刺激性并兼有护发、洁发等多种功能。

(3) USA 是合成 TGA 第一步中间体，可用一氯乙酸与硫脲容易地制得，所以原材料成本仅为 TGA 的 35%，且 USA 冷烫卷发可保持 3～4 个月。USA 性质稳定，储存期限长，便于生产销售。

配方 4 水剂型冷烫剂

原料配比

原料	配比(质量份)	原料	配比(质量份)
含量 75%的硫代乙醇酸	4.5	硼砂	0.5
无水碳酸钠	1.5	过硼酸钠	2
六亚甲基四胺	2	含量 28%的氨水	10(体积)
尿素	3.5	蒸馏水	47
碳酸氢铵	3.5		

制备方法

(1) 将含量 75%的硫代乙醇酸溶液加入蒸馏水中，搅拌后制得浓度为 5%～8%的硫代乙醇酸溶液，备用；

(2) 将蒸馏水加入盛有无水碳酸钠的容器中，搅拌使碳酸钠完全溶解，制得碳酸钠溶液，备用；

(3) 将溶液 (2) 加入溶液 (1) 中，反应 2～10min，制得硫代乙醇酸钠溶液，备用；

(4) 依次将六亚甲基四胺、尿素、碳酸氢铵、硼砂放入容器中，然后加入蒸馏水，搅拌 3～5min，配成混合溶液；

(5) 将混合溶液 (4) 加入溶液 (3) 中，然后加入过硼酸钠，再加入含量 28%的氨水，振摇 2～3min，使其 pH 值达到 8.5～9.5 之间，即得冷烫剂。

原料配伍 本品中各组分质量份配比范围是：硫代乙醇酸 3～5，无水碳酸钠 1～3，六亚甲基四胺 2～3，碳酸氢铵 2～4，尿素 2～4，硼砂 0.3～0.6，过硼酸钠 2～3，氨水 8～12 (体积)，蒸馏水加至 100。

产品应用 本品为美发用冷烫剂，在使用过程中不需热敷，也不需上定型水。

使用本品烫发时涂洒冷烫剂，卷发后保温 25～30min 左右，拆下发卡，冷却 10min 后，清洗，即完成烫发。

产品特性 本品具有以下优点：

（1）本品利用空气自然氧化就能达到发卷持久、牢固、富有弹性、蓬松美观、发丝光泽柔润、不焦不黄、不伤头皮的完美效果，即使在−20℃都不用任何热敷。

（2）本品是水剂型，其制备操作简单，无需耗用热能，使用方便，且能充分浸透到毛发的皮质中，增强烫发效果，简化烫发工序。

配方 5　乌发美发冷烫剂

原料配比

原料	配比(质量份)		
	1#	2#	3#
蒸馏水	105	110	105
何首乌	2	3	3
硫代乙醇酸	8	10	8
碳酸钠	4	7	5
硫代乙醇酸胺	10	14	12
尿素	4	6	5
碳酸铵	4	6	5
六亚甲基四胺	1	2	2
香精	2	4	3
硼砂	1	2	2

制备方法

（1）取蒸馏水 95 份放入烧杯内，然后依次加入何首乌、硫代乙醇酸、碳酸钠 3～5 份、硫代乙醇酸胺 6～8 份，搅拌均匀，备用；

（2）取蒸馏水 10～15 份放入另一个烧杯内，依次加入尿素、碳酸铵、六亚甲基四胺、碳酸钠 1～2 份、硫代乙醇酸胺 4～6 份，搅拌均匀，备用；

（3）将物料（2）倒入物料（1）所在烧杯内，两种溶液混合，搅拌均匀，然后加入香精，最后再加入硼砂，搅拌，摇动 2min 后再密封制得冷烫剂。

原料配伍　本品中各组分质量份配比范围是：蒸馏水 105～110，硫代乙醇酸 8～10，硫代乙醇酸胺 10～14，何首乌 2～3，碳酸钠 4～7，尿素 4～6，碳酸铵 4～6，六亚甲基四胺 1～2，硼砂 1～2，香精 2～4。

硫代乙醇酸浓度为 60%～65%，硫代乙醇酸胺浓度为 45%～50%。

产品应用　本品在使用过程中除利用空气就能自然氧化达到固定发型的效果外，还具有乌发、亮泽、蓬松、柔润等效果。

产品特性　本品原料易得，配比科学，工艺简单，使用效果理想，无任何不良反应，不刺激皮肤，安全可靠。

参考文献

中国专利公告
CN-201110325640.6
CN-201010209442.9
CN-201110178437.0
CN-201010156137.8
CN-201110244700.1
CN-201010209428.9
CN-201010561053.2
CN-201110129928.6
CN-201110129908.9
CN-201010528532.4
CN-201110140605.7
CN-201010207633.1
CN-201110367991.3
CN-201010515956.7
CN-201010156149.0
CN-201611087251.3
CN-201611239667.2
CN-201010258631.5
CN-201510860865.X
CN-201510831203.X
CN-201710252238.7
CN-201510863878.2
CN-201510868005.0
CN-201611222824.9
CN-201510859651.0
CN-201510860862.6
CN-201710187736.8
CN-201510661094.1
CN-201710187758.4
CN-201510869212.8
CN-201610089741.0
CN-201510685656.6
CN-201510452811.X
CN-201010148669.7
CN-201510860538.4
CN-201510831424.7
CN-201510860918.8
CN-201210192233.7
CN-201010610446.8
CN-201510827244.1
CN-201611230207.3
CN-201510928043.0
CN-201310584179.5
CN-201210570805.0
CN-201611238163.9
CN-201510092253.0
CN-201210516001.2
CN-201110391153.X
CN-201310603894.9
CN-201510829838.6
CN-201610510093.1
CN-201510705554.6
CN-201610510094.6
CN-201210269814.6
CN-201210384917.7
CN-201610179221.9
CN-201610510089.5
CN-201110395810.8
CN-201310583682.9
CN-201110358487.7
CN-201410573332.9
CN-201210293843.6
CN-201310511416.5
CN-201610056510.X
CN-201710346724.5
CN-201410466168.1
CN-201510708895.9
CN-201510710617.7
CN-201610475836.6
CN-201410573307.0
CN-201410583052.6
CN-201410713248.2
CN-201610399452.0
CN-201611183881.0
CN-201510672867.6
CN-201510817509.X
CN-201410237558.1
CN-201510471189.7
CN-201410682072.9
CN-201310746497.7
CN-201410237549.2
CN-201310584253.3
CN-201310647215.8
CN-201410237545.4
CN-201210316052.0
CN-201210439391.8
CN-201410513940.0
CN-201110284035.9